과학공화국

물리법정

5

여러 가지 힘

과학공화국 물리법정 5
여러 가지 힘

ⓒ 정완상, 2007

초판 1쇄 발행일 | 2007년 5월 30일
초판 33쇄 발행일 | 2023년 2월 1일

지은이 | 정완상
펴낸이 | 정은영
펴낸곳 | (주)자음과모음

출판등록 | 2001년 11월 28일 제2001-000259호
주소 | 10881 경기도 파주시 회동길 325-20
전화 | 편집부 (02)324-2347 경영지원부 (02)325-6047
팩스 | 편집부 (02)324-2348 경영지원부 (02)2648-1311
이메일 | jamoteen@jamobook.com

ISBN 978 - 89 - 544 - 1378 - 7 (04420)

과학공화국
물리법정

5 여러 가지 힘

정완상(국립 경상대학교 교수) 지음

㈜자음과모음

생활 속에서 배우는 기상천외한 과학 수업

물리와 법정, 이 두 가지는 전혀 어울리지 않은 소재들입니다. 그리고 여러분에게 제일 어렵게 느껴지는 말들이기도 하지요. 그럼에도 불구하고 이 책의 제목에는 분명 '물리법정'이라는 말이 들어 있습니다. 그렇다고 이 책의 내용이 아주 어려울 거라고 생각하지는 마세요.

저는 법률과는 무관한 과학을 공부하는 사람입니다. 하지만 '법정'이라고 제목을 붙인 데에는 이유가 있습니다.

이 책은 우리의 생활 속에서 일어나는 여러 가지 재미있는 사건을 다루고 있습니다. 그리고 물리적인 원리를 이용해 사건들을 차근차근 해결해 나간답니다. 그런데 크고 작은 사건들의 옳고 그름을 판단하기 위한 무대가 필요했습니다. 바로 그 무대로 법정이 생겨나게 되었답니다.

왜 하필 법정이냐고요? 요즘에는 〈솔로몬의 선택〉을 비롯하여 생활 속에서 일어나는 사건들을 법률을 통해 재미있게 풀어 보는 텔레비전 프로그램들이 많습니다. 그리고 그 프로그램들이 재미없다고 느껴지지도 않을 겁니다. 사건에 등장하는 인물들이 우스꽝스럽고, 사건을 해결하는 과정도 흥미진진하기 때문입니다. 〈솔로몬의 선택〉이 법률 상식을 쉽고 재미있게 얘기하듯이, 이 책은 여러분의 물리 공부를 쉽고 재미있게 해 줄 것입니다.

여러분은 이 책을 읽고 나서 자신의 달라진 모습에 놀랄 겁니다. 과학에 대한 두려움이 싹 가시고, 새로운 문제에 대해 과학적인 호기심을 보이게 될 테니까요. 물론 여러분의 과학 성적도 쑥쑥 올라가겠죠.

물리학은 항상 정확한 판단을 내릴 수 있습니다. 왜냐하면 물리학의 법칙은 완벽에 가까운 진리이기 때문입니다. 저는 그 진리를 여러분이 조금이라도 느끼게 해 주고 싶습니다. 과연 제 의도대로 되었는지는 여러분의 판단에 맡겨야겠지요.

끝으로 이 책을 쓰는 데 도움을 주신 (주)자음과모음의 강병철 사장님과 모든 식구들에게 감사를 드리며, 주말도 없이 작업을 함께한 김미주, 김은진, 황수진, 이수미 양에게 감사를 드립니다.

진주에서
정완상

목차

피즈 변호사

물리법정의 탄생

과학을 좋아하는 사람들이 모여 사는 과학공화국이 있었다. 과학공화국의 국민들은 어릴 때부터 과학을 필수 과목으로 공부하고, 첨단 과학으로 신제품을 개발해 엄청난 무역 흑자를 올리고 있었다. 그리하여 과학공화국은 세상에서 가장 부유한 나라가 되었다.

과학에는 물리학, 화학, 생물학 등이 있는데, 과학공화국 국민들은 다른 과학 과목에 비해 유독 물리학을 어려워했다. 돌멩이가 떨어지는 것이나 자동차의 충돌 사고, 놀이 기구의 작동 원리, 정전기를 느끼는 일 등과 같은 물리적인 현상은 주변에서 쉽게 관찰되지만, 그러한 현상들의 원리를 정확하게 알고 있는 사람은 드물었다.

그 이유는 과학공화국의 대학 입시 제도와 관련이 깊었다. 대부분의 고등학생들은 대학 입시에서 상대적으로 높은 점수를 받기 쉬운 화학이나 생물을 선호하고 물리를 멀리했다. 학교에서는 물리를 가르치는 선생님 수가 줄어들었고, 선생님들의 물리 지식 수준 역시 낮아졌다.

이런 상황에서도 과학공화국에서는 물리를 이해해야 해결할 수 있는 크고 작은 사건들이 끊임없이 일어났다. 그런데 사건의 상당수를 법학을 공부한 사람들로 구성된 일반 법정에서 다루다 보니 공정하고 정확하게 판결 내리기가 힘들었다. 이러한 까닭에 물리학을 잘 모르는 일반 법정의 판결에 따르지 않는 사람들이 많아져 심각한 사회 문제로 떠오르고 있었다.

그리하여 과학공화국의 박과학 대통령은 회의를 열었다.

"이 문제를 어떻게 처리하면 좋겠소?"

대통령이 힘없이 말을 꺼냈다.

"헌법에 물리적인 부분을 좀 추가하면 어떨까요?"

법무부 장관이 자신있게 말했다.

"좀 약하지 않을까?"

대통령이 못마땅한 듯 대답했다.

"물리학과 관계된 사건에 대해서는 물리학자를 법정에 참석시키면 어떨까요? 의료 사건의 경우 의사를 참석시켰는데 성공적이었거든요."

의사 출신인 보건복지부 장관이 끼어들었다.

"의사를 참석시켜서 뭐가 성공적이었소? 의사들의 실수로 일어난 의료사고를 다루는 재판에서 의사가 피고(소송을 당한 사람)인

의사 편을 들어 피해자가 속출했잖소."

내무부 장관이 보건복지부 장관에게 따져 물었다.

"자네가 의학을 알아? 전문 분야라 의사들만 알 수 있다고! 이거 왜 이러셔."

"가재는 게 편이라고, 의사들에게 항상 유리한 판결만 나왔다는 건 잘 알지!"

평소 사이가 좋지 않던 두 장관이 논쟁을 벌였다.

"그만두시오. 우린 지금 의료 사건 얘기를 하는 게 아니잖소. 본론인 물리 사건에 대한 해결책을 말해 보세요."

부통령이 두 사람의 논쟁을 막았다.

"물리부 장관의 의견을 들어 봅시다."

수학부 장관이 의견을 냈다.

그 때까지 눈을 감고 잠자코 앉았던 물리부 장관이 말했다.

"물리학으로 판결을 내리는 새로운 법정을 만들면 어떨까요? 한마디로 물리법정을 만들자는 겁니다."

"물리법정!"

침묵을 지키고 있던 박과학 대통령이 눈을 크게 뜨고 물리부 장관을 쳐다보았다.

"물리와 관련된 사건은 물리법정에서 다루면 되는 거죠. 그리고 그 법정에서의 판결들을 신문에 실어 널리 알리면 국민들이 더 이상 다투지 않고 자기 잘못을 인정할 겁니다."

물리부 장관이 자신있게 말했다.

"그럼 국회에서 물리와 관련된 법을 만들어야 하잖소?"

법무부 장관이 물었다.

"물리학은 정직한 학문입니다. 사과나무의 사과는 땅으로 떨어지지, 하늘로 올라가지는 않습니다. 또한 양의 전기를 띤 물체와 음의 전기를 띤 물체 사이에는 서로 끌어당기는 힘이 작용하지요. 이것은 지위와 나라에 따라 달라지거나 하지도 않습니다. 이러한 물리 법칙은 이미 우리 주위에 존재하므로 새로 물리법을 만들지 않아도 됩니다."

물리부 장관이 말을 마치자 대통령은 아주 흡족해하며 환하게 웃었다. 이렇게 해서 물리공화국에는 물리 사건을 담당하는 물리 법정이 만들어지게 되었다.

이제 물리법정의 판사와 변호사를 결정해야 했다. 하지만 물리학자는 재판 진행 절차에 미숙하므로 물리학자에게 재판 진행을 맡길 수는 없었다. 그리하여 과학공화국에서는 물리학자들을 대상으로 사법고시를 실시했다. 시험 과목은 물리학과 재판 진행법, 두 과목이었다.

많은 사람들이 응시할 거라 기대했지만, 세 명의 물리 법조인을 선발하는 시험에 세 명이 원서를 냈다. 결국 지원자 모두 합격하는 해프닝이 벌어졌다.

1등과 2등의 점수는 만족할 만한 수준이었다. 하지만 3등을 한

'물치'라는 이름의 남자는 시험 점수가 형편없었다. 1등을 한 물리짱 씨가 판사를 맡고, 2등을 한 피즈 씨와 3등을 한 물치 씨가 원고(법원에 소송을 한 사람) 측과 피고 측 변론(법정에서 주장하거나 진술하는 것)을 맡게 되었다.

이제 과학공화국 국민들 사이에서 벌어지는 수많은 사건들이 물리법정의 판결을 통해 원만하게 해결될 수 있었다. 그리고 국민들은 물리법정의 판결들을 통해 물리를 쉽고 정확히 이해하게 되었다.

제1장

힘에 관한 사건

힘을 받으면 물체의 모양이나 운동 방향이 바뀌지. 내가 스스로 방향을 바꾸는 것은 아냐. 방향을 바꾸는 법이란 따로 있다고.

뻥~

힘의 뜻 – 방귀 마술

힘의 역할 – 핸들링이 맞는데……

힘의 크기 측정 – 고무줄로 과일의 무게를 잰다고요?

방귀 마술

힘이 물체에 작용하면 어떻게 될까요?

사건 속으로

"여러분, 지금부터 새로운 물리 마술을 보여 드리겠습니다."

마술사 매직스 씨가 힘차게 외쳤다. 관객들은 무대에서 눈을 떼지 못하고 있었다. 마술사 매직스 씨는 조금 뜸을 들이다가 조그만 종이 조각 하나를 탁자 위에 올려놓았다. 조명은 탁자 위에 놓인 종이 조각만 비출 뿐이었다. 마술사 매직스 씨는 뒤로 돌아서더니 조금 뒤 '뽀옹' 하고 방귀를 뀌었다. 그러자 탁자 위의 종이 조각이 팔랑거리면서 관객들을 향해 날아갔다.

"여러분! 어떤 종류의 힘도 작용하지 않고서 종이 조각을 움직였습니다. 이는 물리 마술의 진수라고 할 수 있습니다."

마술사 매직스 씨의 목소리가 쩌렁쩌렁 울려 퍼졌고, 그가 준비한 마술도 모두 끝났다.

초등학교에 다니는 아들과 함께 마술을 보러 왔던 김의심 씨는 왠지 찜찜하다는 생각이 들었다.

그 때 갑자기 아들이 물었다.

"아빠! 모든 물체는 힘을 받지 않으면 움직이지 않는다고 배웠어요. 그런데 아까 종이 조각은 아무 힘도 받지 않았는데 왜 움직인 거죠?"

"그래. 아빠도 그게 이상하다고 생각하던 중이야. 하지만……."

김의심 씨는 고개를 갸웃거리며 말했다.

"마술사는 종이 조각을 건드리지 않았어요. 물체에 힘을 작용하려면 물체를 밀거나 당기거나 해야 하는 거 아닌가요?"

"글쎄다. 아빠도 물리 공부를 한 지가 너무 오래 되어서 말이야. 하지만 마술사의 말은 뭔가 좀 이상해."

김의심 씨 부자는 마술사의 말에 의심을 품었다.

김의심 씨는 집에 돌아오자마자 아들과 함께 인터넷 검색을 했다. 그는 '정 교수의 과학 블로그'에서 "힘을 받지 않은 물체는 움직이지 않는다."라는 글을 보고 자기 생각이 옳다고 확신하게 되었다. 그리하여 물리 마술사를 물리법정에 고소했다.

힘은 물체를 움직이게 하거나 모양을 변하게 합니다.
따라서 힘을 받으면 정지해 있던 물체가 움직이거나
모양이 변하게 되지요.

과학공화국
물리법정 5

여기는 물리법정

힘을 받지 않은 물체는 움직이지
않을까요?
물리법정에서 알아봅시다.

 재판을 시작하겠습니다. 먼저 피고 측 변론
하세요.

세상에는 논리적으로 설명할 수 없는 신기
한 현상들이 많이 일어납니다. 예를 들어 텔레파시나 몸에 쇠
붙이가 달라붙는 초능력 같은 것들 말이죠. 하지만 아직까지
그런 현상들이 왜 일어나는지는 과학적으로 밝혀지지 않았습
니다. 마술사 사건도 그런 견지에서 이해해야 하지 않을까
요? 이건 어디까지나 마술, 즉 눈속임일 뿐입니다. 그러므로
법정에서 다룰 내용이 아니라고 생각합니다.

 원고 측 변론을 들어 보겠습니다.

 오랜 세월 동안 힘에 대해 연구해 오신 역도술 박사님을 증인
으로 요청합니다.

몸집이 아주 큰 남자가 가슴이 드러나는 티셔츠를 입고
법정으로 들어섰다. 그가 걸음을 내디딜 때마다 법정이
쿵쿵 울리는 듯했다.

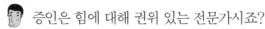 증인은 힘에 대해 권위 있는 전문가시죠?

그렇습니다.

힘의 정확한 정의가 무엇입니까?

힘은 물체를 움직이게 하거나 모양을 변하게 하는 원인입니다.

그 얘기는 힘을 받으면 정지해 있던 물체가 움직이거나 모양이 변한다는 뜻이겠지요?

네, 그렇습니다.

그럼 마술사의 주장처럼 힘을 작용하지 않고도 탁자 위의 종이를 날려 보낼 수 있습니까?

불가능합니다.

박사님, 답변 고맙습니다. 재판장님, 그럼 두 번째 증인으로 이번 사건의 피고인 마술사 매직스 씨를 모시겠습니다.

요란스러운 방귀 소리와 함께 매직스 씨가 등장하자, 변론 자료들이 이리저리 흩날렸다.

 증인은 평소 방귀를 자주 뀌시나요?

습관성입니다.

네, 뭐 생리적인 현상이니까 그걸 논하자는 건 아니고요. 마술의 비밀은 바로 방귀에 있었습니다.

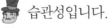

 피즈 변호사, 그게 무슨 말입니까? 자세히 설명해 보세요.

 방귀라는 것은 몸 속의 기체가 밖으로 빠져 나오는 현상입니다. 이 기체들은 분자들로 이루어져 있고, 분자들은 무게를 가지고 있습니다. 무게를 가진 분자들이 빠른 속력으로 튀어 나와 탁자 위의 종이와 충돌하면서 종이에 힘을 작용하지요.

그 힘을 받아 종이가 움직인 것입니다. 그러므로 힘을 작용하지 않고 종이를 움직인다는 매직스 씨의 말은 명백한 거짓입니다.

 음, 그렇게 볼 수 있겠군요. 앞으로 마술사들은 물리 용어를 함부로 사용하지 말고, 그냥 아주 빠르게 속이겠다고 말하도록 하세요. 마술사들이 괜히 잘못된 과학을 알려 주게 되면 자라나는 아이들이 그릇된 과학 개념을 가질 수 있으므로 교육적으로 좋지 않다고 생각하여 이런 판결을 내립니다.

 힘의 역할

힘이 물체에 작용하면 다음과 같이 된다.

- 당구공을 치면 당구공이 굴러간다. 이는 힘이 물체의 운동 상태를 바꾸기 때문이다. 운동 상태란 물체의 빠르기와 운동 방향을 뜻한다.
- 고무줄을 잡아당기면 길어진다. 이를 바꾸어 말하면 고무줄의 모양이 변하는 것인데, 이렇게 힘은 물체의 모양을 변하게 한다.
- 축구공을 발로 차면 공의 모양이 변하면서 반대 방향으로 날아간다. 이렇게 힘은 물체의 모양과 운동 상태를 동시에 변하게 할 수 있다.

핸들링이 맞는데……

물체의 모양과 운동 방향을 바꾸게 하는 것은 무엇일까요?

과학공화국 프로 축구 결승전이 열렸다. 이 날은 과학공화국의 양대 라이벌인 사이언스 FC와 과학 트윈스의 맞대결이 펼쳐지는 날이라 아침부터 많 은 팬들이 경기장으로 몰려들었다.

두 팀은 현재까지 똑같이 우승을 일곱 차례씩 차지한 전력이 있 는 전통의 강호들이었다. 이번에 우승을 하는 팀이 최다 우승 팀으 로 등극하는 터라 양 팀 서포터즈는 더욱 열심히 응원했다.

사이언스 FC에는 차세대 스트라이커 골너어 선수가 있었고, 빗 장 수비로 정평이 나 있는 과학트윈스는 쌍둥이 수비수 동머리, 서

머리 선수가 골문을 든든하게 지켰다.

두 팀의 경기는 이른바 창과 방패의 대결로, 온 국민의 관심을 모으기에 충분했다.

드디어 경기 시작을 알리는 주심의 호루라기 소리가 울렸다. 경기는 사이언스 FC의 공격으로 시작되었고, 아나운서 말잘해 씨와 해설자 아는척 씨가 화려한 입담으로 중계를 해 나갔다.

"전국에 계신 시청자 여러분, 지금 사이언스 FC의 선공으로 대망의 결승전이 시작되었습니다. 아, 말씀드리는 순간, 골너어 선수가 쏜살같이 골대로 뛰어가고 있습니다. 사이언스 FC의 롱패스를 한 번에 가슴으로 받은 골너어 선수, 논스톱슛! 골~, 골인입니다. 역대 최단 시간인 4초 만에 첫 골을 넣은 사이언스 FC 선수들! 역시 국가 대표 유망주 골너어 선수의 발끝에서 첫 골이 터져 나오는군요. 정말 대단한 선수예요."

"네, 골너어 선수는 몸의 모든 부분으로 골을 넣을 수 있는 천부적인 선수입니다. 축구 천재라고 불러도 손색이 없지요."

관중들은 점점 축구의 열기에 빠져들었다. 전반전 내내 사이언스 FC가 맹공을 펼쳤지만, 동머리, 서머리 선수의 환상적인 수비로 골을 더 이상 추가하지 못하고 1 대 0으로 전반전을 마쳤다.

후반전이 시작되었다. 이렇다 할 득점 없이 경기가 이어졌다. 경기 종료 5분 전에 사이언스 FC의 자책골로 1 대 1 동점이 되었다. 이제 남은 시간 동안 아무도 골을 넣지 못하면 연장전에 들어가야

했다. 경기 종료 1분 전, 사이언스 FC가 마지막 코너킥을 얻었다. 바나나킥으로 유명한 휘어차 선수가 골을 찰 모양이었다. 아나운서와 해설자가 바빠지기 시작했다.

"사이언스 FC의 좋은 찬스입니다. 드디어 휘어차 선수가 공을 찼습니다. 공이 골문 쪽으로 휘어져 들어갑니다. 하지만 골키퍼, 코스를 예측한 듯 공이 들어가는 방향으로 몸을 던졌습니다. 어…… 골인. 아니, 이게 어떻게 된 일입니까? 분명 골키퍼 쪽으로 공이 날아가고 있었는데, 골키퍼가 몸을 날린 방향과 반대 방향으로 골이 들어가다니요."

"힘의 방향이 바뀐 것이 틀림없습니다. 그러지 않고는 날아가던 공이 저절로 반대 방향으로 움직이지는 않습니다. 워낙 혼전을 하고 있었던 터라 어느 선수 몸에 맞고 들어갔는지는 알 수 없지만, 틀림없이 누군가의 몸에 맞아서 방향이 꺾였을 것입니다. 비디오를 돌려 살펴봐야겠지요. 공이 엄청 빨라 잘 보이지 않았으니까요."

해설자 아는척 씨가 열심히 해설했지만, 주심은 휘어차 선수의 골이 직접 골대로 들어간 것으로 인정, 사이언스 FC의 우승을 선언했다.

경기가 끝난 뒤, 많은 사람들이 아는척 씨의 해설 내용에 동의하며 마지막 골 장면을 슬로모션으로 확인해야 한다고 주장했다. 하지만 심판위원회는 이를 거부했고, 결국 이 문제는 물리법정에서 다루어지게 되었다.

공이 날아오는 방향과 반대 방향으로 작용한 힘 때문에
공의 운동 방향이 완전히 바뀐 것입니다. 이는 공기 저항의
영향을 받아 조금 휘어 들어가는 바나나킥과는 다릅니다.

여기는 **물리법정**

힘이 날아가는 공의 방향을 바꿀 수 있을까요?
물리법정에서 알아봅시다.

 재판을 시작합니다. 먼저 심판위원회 측 변호사 변론하세요.

 심판이 한 번 결정을 내렸으면 그걸로 끝난 겁니다. 따질 이유가 없다는 거죠. 그리고 코너킥은 프리킥이므로 직접 골대로 들어가도 되는 거 아닙니까? 공이라는 것은 공기의 저항에 따라 변화무쌍하게 움직이는 거고, 그러다 보면 많이 휘어져 들어갈 수도 있는 거지, 뭘 그런 걸 가지고 시비를 거는지 모르겠네요. 아무튼 이번 주심의 결정에는 오류가 눈곱만큼도 없다고 주장하는 바입니다.

 해설자 측 변론하세요.

 축구물리학을 전공한 아는척 해설 위원을 증인으로 요청하겠습니다.

예리해 보이는 얼굴에 체크무늬 양복을 차려입은 30대 남자가 증인석으로 걸어 들어왔다.

 증인은 축구물리학을 전공하셨지요?

네, 석사 학위를 받았습니다.

 축구와 물리학이 무슨 관계가 있습니까?

 관계가 많지요. 축구는 공을 차는 경기잖아요?

 그렇지요.

 공을 차려면 발로 공에 힘을 작용해야 합니다. 이때 힘을 어느 정도 크기로 작용했는가에 따라 공의 속력이 결정되지요. 이런 것은 모두 '뉴턴의 물리학 법칙'으로 설명할 수 있습니다.

 좋습니다. 이번 사건에서 증인은 공이 누군가의 몸에 맞았다고 주장했는데, 누구의 몸에 맞았든 어차피 골로 인정해야 하는 것 아닌가요?

 그렇지 않습니다. 만일 공격수의 손에 맞아 골인이 되었다면 공격수의 파울이라 골은 무효가 됩니다.

 아하! 핸들링 말씀이군요.

 그렇습니다. 이 사건에서 공이 움직인 모습을 살펴보면 먼저 오른쪽에서 왼쪽으로 휘어져 들어가다가 갑자기 오른쪽으로 꺾여 골문 안으로 들어갔습니다. 이것은 공기의 저항 때문에 일어날 수 있는 일이 아닙니다. 분명 공이 날아오는 방향과 반대 방향으로 작용한 힘 때문에 공의 운동 방향이 바뀐 것이지요.

 증거가 있습니까?

 네, 화면을 보시죠.

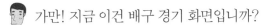 가만! 지금 이건 배구 경기 화면입니까?

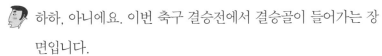 하하, 아니에요. 이번 축구 결승전에서 결승골이 들어가는 장

면입니다.

손으로 공의 방향을 바꾼 건가요?

그렇습니다.

바나나킥의 원리

축구 경기를 보다 보면 가끔 바나나킥으로 골이 들어가기도 한다. 분명 들어가지 않을 것처럼 보였는데, 골이 급격히 휘어져서 골인이 되는 경우이다. 이런 골을 '플루크 골(fluke goal)'이라고 하는데, 이렇게 부르는 까닭은 낚싯바늘의 갈고리처럼 공의 방향이 급격히 휘어져 골인되기 때문이다. 공이 회전하면서 주변 공기에 압력 차이가 생겨나 압력이 낮은 쪽으로 공이 조금씩 움직여서 왼쪽이나 오른쪽으로 휘는 것이 바나나킥의 원리다. 그런데 축구공이 날아가는 속도가 시속 108킬로미터를 넘어서면 공 주위에 작은 공기 소용돌이들이 생겨 압력 차이가 발생하는 것을 방해한다. 따라서 이 속도보다 빠른 공은 회전하더라도 휘지 않고 똑바로 날아가다가 공기 저항에 영향을 받아 공의 속도가 시속 108킬로미터 아래로 떨어지게 되면 그 때부터 휘기 시작한다. 이것이 똑바로 날아가던 공이 갑자기 꺾이는 것처럼 보이는 이유이다.

존경하는 재판장님, 증거 화면을 보셔서 알겠지만 휘어차 선수가 찬 공을 골너어 선수가 손으로 쳐서 공의 방향을 바꾸었습니다. 만일 골너어 선수가 손으로 공을 반대 방향으로 치지 않았다면 공은 상대 팀 골키퍼의 손에 잡히는 상황이었으므로 결승골은 무효라고 주장합니다.

네, 판결 내리겠습니다. 증거 화면에서 골너어 선수의 손의 위치를 볼 때 공이 우연히 닿은 것이 아니라 고의로 손으로 공을 친 점이 인정됩니다. 또한 공의 방향이 거의 180도 바뀌었는데도 비디오 확인 절차를 밟지 않고 성급하게 골인을 선언한 심판위원회 측의 과실이 인정되므로 골너어 선수와 주심에게 10게임 출장 정지를 명령합니다. 그리고 두 팀은 재경기를 해서 승부를 가리도록 하세요.

결국 재경기가 열렸다. 골너어 선수가 빠진 사이언스 FC는 막강 수비를 자랑하는 과학트윈스에 3 대 0으로 완패했다. 그리고 골너어 선수는 이후 '신의 손'이라는 별명으로 불리게 되었다.

고무줄로 과일의 무게를 잰다고요?

지구가 물체를 끌어당기는 힘의 크기를 재는 방법에는
어떤 것들이 있을까요?

과학공화국에 가을 가뭄이 심하게 들어서 사과가
흉작이었다. 사과값은 날이 갈수록 하늘 높은 줄
모르고 치솟았고, 급기야 과일 가게에서는 사과의
무게에 따라 값을 다르게 받는 진풍경이 벌어졌다.

10년째 리어카를 끌고 전국을 돌아다니면서 사과를 팔고 있는
한사과 씨는 오늘도 변함없이 골목 구석구석을 누비며 목이 터져
라 외쳐 댔다.

"사과 사세요! 싱싱하고 큼직한 사과 사세요!"

'리어카에서 파는 사과는 조금 싸지 않을까?' 라는 생각에 알뜰

한 동네 아줌마들이 잔뜩 달려나왔다.

"이 사과는 얼마죠?"

사과를 유난히 좋아해서 하루라도 사과를 먹지 않으면 잠을 이루지 못하는 이애플 아줌마가 물었다.

"가만, 무게를 달아 봐야지. 이놈의 저울이 어디로 갔나?"

한사과 씨는 두리번두리번 리어카를 살펴보았다.

"옳지, 여기 있었군!"

한사과 씨는 기다란 고무줄을 손에 쥐고서 소리쳤다.

"에이, 아저씨도 참. 그게 무슨 저울이에요?"

이애플 아줌마가 따졌다.

"가만 기다려 보라니까 그러시네."

한사과 씨는 빙그레 웃으며 사과를 고무줄에 매달았다. 그러고는 자로 고무줄 길이를 쟀다.

"이건 1만 달란이에요."

"예? 뭐가 그리 비싸요? 저울도 없으면서 지금 무게를 속이는 거죠?"

"허허 참, 무슨 소리를 하는 거요? 내가 행상을 한다고 사람이나 속이고 다니는 줄 아쇼?"

"그깟 고무줄로 사과를 매달아 무게를 잰다니 속이는 게 아니고 그럼 뭐예요?"

이애플 아줌마는 사납게 따지고 들었다.

두 사람의 실랑이는 점점 거세져 갔고, 결국 감정싸움으로 번져 물리법정에서 만나게 되었다.

고무줄은 힘을 받으면 길이가 늘어나는데,
이때 늘어난 길이는 매단 물체의 무게에 비례합니다.

여기는 **물리법정**

고무줄과 자로 사과의 무게를 잴 수 있을까요?
물리법정에서 알아봅시다.

 재판을 시작합니다. 먼저 이애플 씨 측 변론하세요.

 무게는 지구가 물체를 잡아당기는 만유인력입니다. 그리고 물체의 무게를 재는 기구는 저울이라고 백과사전에 똑똑히 쓰여 있습니다. 그런데 저울도 없이 달랑 고무줄 하나로 사과의 무게를 잰다는 게 말이 됩니까? 과학공화국 국민들을 어떻게 보고 그런 말도 안 되는 속임수를 쓰는지, 정말 골 때린다고 할 수밖에 없는 사건입니다.

 한사과 씨 측 변론하세요.

 한사과 씨를 증인으로 요청합니다.

남루한 옷차림에 수염이 덥수룩한 40대 남자가 증인석에 가서 앉았다.

 증인은 사과의 무게를 고무줄로 잴 수 있다고 하셨지요?

 물론입니다.

 그게 가능한가요?

🗿 무게를 잰다는 것은 지구가 물체를 당기는 힘의 크기를 잰다는 것입니다.

🗿 그런데요?

🗿 물체가 힘을 받으면 모양이 변합니다. 그런데 고무줄 같은 물질은 힘을 받으면 길이가 늘어나면서 모양이 변하지요.

🗿 그걸로 어떻게 무게를 재는 거죠?

🗿 이때 늘어난 길이는 매단 물체의 무게에 비례하니까요. 즉 고무줄에 매단 물체의 무게가 두 배가 되면 고무줄의 늘어난 길이도 두 배가 되고, 무게가 세 배가 되면 고무줄의 늘어난 길이도 세 배가 되지요.

🗿 재미있는 성질이군요.

🗿 바로 이 성질을 이용하면 고무줄로 무게를 잴 수 있습니다. 저는 먼저 5000달란짜리 사과의 무게를 저울로 정확하게 재어 그 사과를 매달았을 때 고무줄이 늘어난 길이를 알아 냈습니다.

🗿 **용수철 저울**

고안한 사람은 알 수 없으나, 1770년 무렵 영국에서 상거래에 사용한 것이 처음이다.
용수철의 길이는 잡아당기는 힘의 크기에 비례해 늘어난다. 이러한 원리를 이용해 용수철 저울은 용수철이 늘어나는 부분에 바늘을 달아서 무게를 측정한다. 용수철은 탄성 한계* 가 있으므로, 용수철 저울을 사용할 때에는 이 점을 고려해야 한다.

* 탄성 한계: 물체에 외부에서 힘을 가하면 부피와 모양이 바뀌었다가, 그 힘을 제거하면 본디 모양으로 되돌아가려고 하는 성질을 '탄성' 이라고 하며, 탄성을 유지할 수 있는 힘의 한계를 '탄성 한계' 라고 한다.

 얼마였죠?

 3센티미터였습니다.

 그럼 이애플 씨가 고른 사과를 매달았을 때는 얼마나 늘어났지요?

 6센티미터로, 두 배 늘어났습니다. 즉 5000달란짜리 사과를 매달 때보다 두 배의 길이만큼 늘어났지요. 그러므로 그 사과는 5000달란의 두 배인 1만 달란이 맞습니다.

 명쾌합니다. 재판장님, 그렇죠?

 고무줄과 자만 가지고 무게를 잴 수 있다니 정말 놀랍습니다. 그런데 왜 비싼 저울들을 파는지 모르겠네. 이렇게 고무줄과 자로 간단하게 저울을 만들 수 있는데 말이야. 에헴, 아무튼 한사과 씨는 앞으로도 쭉 고무줄 저울을 사용해도 좋다는 판결을 내리겠습니다.

힘이란 무엇인가?

힘은 물체의 속도나 모양을 변하게 하는 원인입니다. 정지해 있는 자동차를 뒤에서 밀면 자동차는 미는 방향으로 움직입니다. 움직인다는 것은 속도가 있다는 뜻입니다. 이 경우 처음 자동차의 속도는 0이었다가 힘을 받아 어떤 속도로 움직인 것이지요. 이처럼 자동차의 속도가 변한 원인이 바로 자동차를 민 힘입니다.

자, 이번에는 힘이 모양을 변하게 하는 경우를 살펴볼까요? 용수철이나 고무줄을 잡아당기면 늘어납니다. 늘어난다는 것은 모양이 변했다는 뜻입니다. 그러니까 용수철이나 고무줄의 모양이 변하는 원인 또한 힘이지요. 일반적으로는 물체가 힘을 받으면 물체의 속도와 모양이 동시에 변한답니다. 다만 물체의 모양 변화가 우리 눈에 보일 정도로 큰 경우도 있고, 너무 조금 변해서 눈으로 볼 수 없거나 모양이 변했다가 본디 모양이 되는 데 걸리는 순간이 너무 짧아서 볼 수 없는 경우도 있는 거예요.

그렇다면 힘은 크기만을 가지고 있을까요? 아닙니다. 자동차를 오른쪽으로 밀면 차가 오른쪽으로 움직이고 왼쪽으로 밀면 왼쪽으로 움직입니다. 이렇게 어느 방향의 힘이 자동차에 작용하느냐에 따라 자동차가 움직이는 방향이 달라지므로 힘은 크기뿐만 아니라 방향도 고려해야 하는 양입니다.

　힘의 단위는 'N'을 주로 쓰고, '뉴턴'이라고 읽습니다. 2N의 힘은 1N의 힘보다 두 배 강한 힘입니다.

　힘은 크기와 방향을 가지므로 화살표로 힘을 표시할 수 있습니다. 이때 화살표는 다음과 같이 힘의 3요소를 나타냅니다.

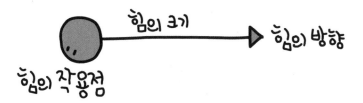

- 화살표의 꼬리의 점 = 힘의 작용점
- 화살표의 길이 = 힘의 크기
- 화살표의 방향 = 힘의 방향

힘의 합성에 관한 사건

제2장

힘의 평형 – 얼음이 안 받쳐 주잖아요?

힘의 합성 – 리어카를 밀어 줘!

얼음이 안 받쳐 주잖아요?

얼음판의 수직 항력과 지구의 중력 크기와는 어떤 관계가 있을까요?

과학공화국에 몇백 년 만에 강추위가 찾아왔다고 떠들썩하더니, 따뜻하기로 유명한 물리마을의 조그만 저수지 물도 살짝 얼기 시작했다. 그러더니 얼마 뒤부터 마을 아이들이 나와 얼음판 위에서 썰매를 지치며 놀았다.

마을 이장의 손자 개똥이가 두 손과 볼이 꽁꽁 얼어서는 입김을 호호 불며 달려왔다.

"할아버지, 요 앞 저수지가 꽝꽝 얼었어요. 그래서 친구들이랑 얼음 썰매도 타고 스케이트도 탔어요. 뒷집 사는 영순이는 아까 스케이트 타다가 넘어져서 엉덩방아를 찧었다니까요, 하하하. 밥 먹고 또 타러 갈 거예요."

"썰매는 무슨…… 어서 밥이나 먹어라. 하루 종일 놀고, 또 타러 간단 말이냐?"

순간 이장의 머릿속에는 한 달 뒤에 있을 이장 선거가 떠올랐다. 이장은 다정한 목소리로 개똥이에게 물었다.

"개똥아~ 저수지에 사람들이 많았니?"

"네! 어른들도 아주 많아요. 그래서 탈 자리도 없어요. 할아버지, 저 조금만 더 놀다 와서 밥 먹으면 안 돼요?"

이장의 귓가에는 '어, 른, 들…… 많아요.' 라는 소리만 왱왱 맴돌았다.

'좋아. 이번 선거에서 내가 다시 당선될 방법은 이것밖에 없어!'

다음 날, 마을에 방송이 울려 퍼졌다.

"아~아~ 마이크 테스트. 아~아~ 여러분, 저 이장입니다. 지금 마을 회관에서 긴급회의를 할 예정이오니 마을 어른들은 빠짐없이 참석을 해 주시기 바랍니다. 이상입니다요."

마을 사람들은 투덜대며 마을 회관으로 갔다.

"아유, 이번엔 또 무슨 일이래? 고집불통 이장 같으니라고!"

사람들이 어지간히 모이자, 이장이 말했다.

"에~ 다름이 아니오라 여러분들을 위해 이번 주말에 마을 저수지에서 썰매타기 대회를 열까 하는데, 어떻습니까?"

"썰매타기는 무슨…… 뭐, 상품 같은 거라도 주남?"

"에헴! 1등에게는 김치 냉장고를 드리겠습니다. 것도 신형으로 다가!"

"어이쿠~, 김치 냉장고래~!"

마을 사람들이 술렁이기 시작했다. 그러나 이장의 맞수 이덕팔 씨가 가만히 있을 리 없었다. 그는 손을 번쩍 들고 말했다.

"아니~ 엄동설한에 무슨 썰매타기 대회를 한다고 이 야단이래? 추워 죽겠구먼. 김치 냉장고가 뭐 그리 대단하다고……."

"아니, 아니. 1등은 김치 냉장고지만 대상에게는 제주도 여행권을 드릴 겁니다. 또한 우리 마을 사람들이 가장 좋아하는 가수 '남방신기'도 부를 예정입니다."

"와, 우리 이장이 최고다!"

남녀노소 마을 사람들의 반응은 가히 폭발적이었다. 딱 한 사람 이덕팔 씨만 얼굴이 굳어져 부리나케 회관을 빠져 나갔다.

대회 전날, 이덕팔 씨는 투덜거리며 저수지로 향했다.

"에잇! 이번에도 저 놈한테 지면…… 에라, 이놈의 저수지는 왜 얼어 가지고 이 난리야…… 썰매타기 대회는 또 뭐람."

이덕팔 씨는 저수지로 달려가 발을 쾅쾅 구르며 소리쳤다.

그런데 순간, '쩌~억' 하는 소리가 희미하게 들려왔다.

"아, 아니, 이게 어떻게 된 일이야? 어, 얼음이……."

그러나 놀란 것도 잠시, 이덕팔 씨는 이내 회심의 미소를 지으며 이장 집으로 발걸음을 돌렸다.

"이보시게, 이장~! 대회 준비는 잘 되어 가는가??"

"당연하지, 이 사람아. 허허, 허허허~."

"그런데 말이야. 내가 지금 저수지에 다녀오는 길인데, 얼음이 영······ 션찮더라고."

"그게 무슨 소린가? 이렇게 추운데 얼음이 왜······?"

이장은 저수지로 달려갔다.

'뭐······ 이 정도면 괜찮지······ 괜찮을 거야······. 암, 괜찮고말고.'

드디어 기다리던 썰매타기 대회가 열렸다.

"우아~ 남방신기다~~~! 사인 꼭 받아야지~."

"난 남방신기랑 사진 찍으려고 우리 이모 디카 몰래 가져왔다."

"난 이번에 꼭 1등해서 김치 냉장고 타고 말 거야. 음하하하~!"

"제주도라······ 호호호, 이번에도 또 개똥이 할아버지가 당선되시겠군!"

사람들의 반응에 이장은 덩실덩실 어깨춤이라도 추고 싶었다.

"자네, 내가 저번에 저수지 얼음이 녹았다고 얘기했을 텐데······ 큰 사고라도 나면 어쩌려고 대회를 여는 건가?"

"쳇~ 신경 끄시지!"

"꺄~~ 남방신기다!"

인기 가수 남방신기가 저수지에 도착했다. 이장은 입이 귀에 걸릴 정도로 함박웃음을 지으며 마이크를 켰다.

"자자~ 물리마을 여러분! 드디어 여러분이 좋아하시는 남방신기가 도착했습니다."

"와! 와! 와! 이장님 최고~! 남방신기 최고~!"

이장은 이덕팔 씨를 쳐다보며 혀를 내밀었다.

'메~롱. 요놈아, 다음 이장도 내 차지다, 호호호.'

"그럼 남방신기의 공연을 보도록 하겠습니다."

음악이 울려 퍼지자 남방신기와 백댄서들이 저수지 한가운데에서 춤을 추기 시작했다.

"랄랄라~! 랄랄라라~~!"

1절을 다 부르고 후렴 부분에서 가수와 백댄서들은 좀 더 격렬하게 춤을 추었다. 그 때였다! 얼음이 '빠지직' 소리를 내며 쩍쩍 갈라지기 시작했다. 이어서 가수와 백댄서들이 순식간에 물에 빠졌다. 놀란 사람들이 달려와 가까스로 그들을 끄집어 냈다.

이덕팔 씨는 슬며시 남방신기 매니저에게 다가갔다.

"내 이럴 줄 알았다니까. 얼음이 녹았으니 대회를 취소하라고 그렇게 말렸는데 막무가내 고집을 부리더니…… 쯧쯧! 가수들만 안 됐네그려."

이 얘기를 들은 매니저는 이장에게 달려가 당장 고소하겠다고 소리쳤다. 이장은 아침에 틀림없이 얼음 상태를 점검했으며, 그 때까지만 해도 아무 이상이 없었다고 말했다. 어쩔 수 없이, 매니저와 이장은 물리법정에서 시시비비를 가리기로 했다.

바닥이 물체를 받치는 힘을 '수직 항력'이라고 합니다.
물체의 무게와 물체를 받치는 힘의 크기는 같고
방향은 반대일 때 물체는 바닥으로 떨어지지 않습니다.

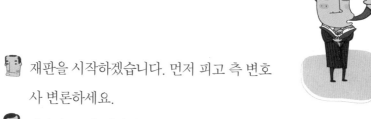

여기는 **물리법정**

얼음판이 단단하지 않을 때 썰매를 타면
왜 위험할까요?
물리법정에서 알아봅시다.

재판을 시작하겠습니다. 먼저 피고 측 변호
사 변론하세요.

얼음은 물이 얼어서 고체가 된 상태입니다.

즉 기온이 0도 이하로 내려가면 물이 얼게 되지요. 그런데 얼
음이 어떤 두께로 얼었는지는 아무도 알 수가 없습니다. 예상
이 불가능하다는 것이지요. 그러므로 이번 사건은 운이 없어
일어난 사고로 보는 것이 옳다고 생각합니다.

원고 측 변론하세요.

항력연구소의 나도힘 박사님을 증인으로 요청합니다.

30대 초반으로 보이는 남자가 양복을 깔끔하게 차려입고
증인석으로 들어왔다.

증인이 하는 일을 설명해 주시겠습니까?

바닥의 힘을 연구하고 있습니다.

바닥의 힘이라니요?

바닥이 물체를 받치는 힘을 말합니다. 이 힘을 '수직 항력' 이

라고 부르지요.

수직은 왜 붙은 거죠?

힘의 방향이 바닥에 수직이기 때문입니다.

이해가 잘 안 되는데, 일단 이 사건이 수직 항력과 관계가 있나요?

그럼요. 예를 들어 얇은 종이로 만든 바닥 면 위에 무거운 쇠구슬을 올려놓으면 종이가 찢어지면서 쇠구슬이 바닥으로 떨어집니다. 이는 지구가 쇠구슬을 잡아당기는 중력 때문이지요. 하지만 단단한 책상 위에 올려놓은 쇠구슬은 움직이지 않지요?

당연하지 않나요?

그 쇠구슬도 지구가 잡아당기는 중력을 받는데 왜 바닥으로 떨어지지 않을까요?

책상이 있으니까요.

그건 좀…… 물리적인 대답이 아니네요. 물체가 움직이지 않으려면 물체에 작용하는 모든 힘의 합력이 0이어야 합니다. 쇠구슬에 작용하는 중력의 방향이 아래 방향이므로 쇠구슬은 위 방향으로 작용하면서 중력과 크기가 같은 힘을 받으면 두 힘의 합력이 0이 되어 안 움직이지요. 이때 책상 면이 쇠구슬

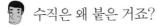

살얼음

살얼음이란 얇게 언 얼음을 말하는데, 여기서 '살'이란 빗살, 창살 등에 붙는 살과 같은 뜻이다. 살얼음을 보면 가로세로로 얼기설기 엮어진 살들을 볼 수 있다. 작은 얼음 기둥들이 생기기 시작해 서로 맞닿으면서 그물처럼 되다가 좁은 틈들이 메워지면서 얼음판이 된다.

을 위로 받치는 힘을 쇠구슬이 받게 되는데, 이것을 수직 항력이라고 합니다. 즉 쇠구슬이 받는 중력과 수직 항력의 합력이 0이어서 쇠구슬이 움직이지 않는 거죠.

 그것이 이번 사건과 무슨 상관이 있나요?

 얼음판에서 썰매를 타려면 우리를 받쳐 주는 얼음판의 수직 항력이 지구가 우리를 잡아당기는 중력의 크기와 같아야 합니다. 하지만 이번 사건에서처럼 얼음이 제대로 얼지 않았다면 얇은 종이 위에 놓인 쇠구슬처럼 수직 항력이 중력보다 작으므로 중력의 방향으로 물체가 움직이지요. 즉 얼음판 위에서 중력의 방향은 아래 방향이므로 얼음판이 깨지면서 물에 빠지게 되는 거예요.

 그런 물리학이 숨어 있었군요. 고맙습니다. 재판은 이긴 것 같네요. 그렇지요, 재판장님?

 그렇게 생각해도 좋을 것 같습니다, 피즈 변호사. 마을을 위한 행사도 좋지만, 그보다 앞서 생각해야 할 것이 사람들의 안전입니다. 그러므로 이덕팔 씨의 충고를 무시하고 얼음판의 수직 항력이 사람의 무게를 견딜 수 있는지 확인하지 않은 이장에게 이번 사건의 모든 책임이 있다고 판결합니다.

수직 항력

책상 위에 책을 놓으면, 책에는 무게가 아래 방향으로 작용한다. 그런데 책이 바닥으로 떨어지지 않는 이유는 책이 받는 또 다른 힘이 있어 그 힘과 무게가, 크기는 같고 방향은 반대인 힘이기 때문이다. 이 힘은 책상이 책을 받치는 힘인데, 이를 '수직 항력'이라고 부른다.

리어카를 밀어 줘!

물체에 작용하는 힘들의 합을 알아볼까요?

가난마을에 고급 승용차 한 대가 들어섰다. 한눈에
도 값비싸 보이는 명품 정장과 선글라스, 번쩍 윤
이 나는 구두를 신은 나강남 씨가 차에서 내렸다.

"동네 꼬라지하고는~."

그 때 지나가던 강아지 한 마리가 나강남 씨의 차 뒷바퀴에 볼일
을 보았다.

"아니, 이놈의 똥개가…… 이게 얼마짜리 승용찬데…… 저리
가지 못해!"

강아지는 '깨갱' 하며 도망쳤다.

조금 뒤 나강남 씨의 여자 친구 박보람 씨가 환하게 웃으며 차에서 내렸다.

"우아~ 공기 좋다! 이 동네가 보기에는 허름해도 맛집이 얼마나 많다고. 내가 오늘 세상에서 제일 맛있는 자장면 사 줄게. 음, 이 근처라고 했는데…… 아, 저기 슈퍼에 가서 물어 봐야겠다."

"슈퍼는 무슨~ 완전 구멍가게구만~."

작은 슈퍼 앞에 널찍한 평상이 놓여 있었는데, 거기에 뚱뚱한 곱슬머리 아줌마가 앉은 채로 침을 흘리며 졸고 있었다.

박보람 씨는 다가가서 아줌마에게 말을 걸었다.

"저기 아주머니……."

"아이고, 깜짝이여. 잉, 뭐여~? 한창 재미난 꿈을 꾸고 있었는디…… 무슨 일인데 그랴?"

"혹시 이 근처에 대박반점이라는 중국집이 있나요?"

"대박반점? 아~ 그 왕 서방네 중국집? 저기 비탈길 올라가다가 오른쪽 두 번째 골목으로 들어가면 보일 거유."

"오른쪽 두 번째 골목이요? 감사합니다."

"근데 뭐 필요한 거 없수? 자고 있는 사람 깨워 놓고, 길만 물어 보면 섭하지."

"아, 아이스크림 하나만 주세요."

"하나?"

"아, 아니요. 두 개요, 두 개."

박보람 씨는 아이스크림 하나를 입에 물고 다른 하나는 손에 들고서 승용차 쪽으로 갔다. 나강남 씨는 승용차를 번쩍번쩍 윤이 나게 닦고 있었다.

"아유, 자동차에서 아주 빛이 난다, 빛이. 그만 좀 닦아. 자, 이 아이스크림이나 드셔."

"쳇. 얼마짜린데. 닦고 또 닦아야지. 그 싸구려 하드는 또 어디서 난 거야? 구멍가게? 난 수입 아이스크림 아니면 안 먹는 거 몰라? 내 입이 얼마나 고급인데 그런 싸구려를 먹냐?"

"싸면 어때? 맛만 있음 됐지. 그리고 맛있는데 값도 싸면 더 좋은 거 아냐?"

"그으래~ 너나 많이많이 먹어라. 수준 차이하고는…… 아무튼 나 배고파 죽겠어. 얼른 그 자장면인지 짬뽕인지 먹으러 가자."

"알았어. 저기 비탈길 보이지? 저기로 올라가면 된대. 가자."

비탈길을 오르려는데 저만치서 한 노인이 연탄을 가득 실은 리어카를 끙끙대며 끌고 오고 있었다. 노인은 금방이라도 넘어질 듯 위태로워 보였다. 박보람 씨는 망설임 없이 달려가 노인의 리어카를 밀어 주었다.

"아가씨, 예쁜 옷 버리면 어쩌려고 그러우? 고맙지만 그냥 가던 길 가요."

"아니에요. 이 무거운 걸 끌고 저 비탈길을 어떻게 할아버지 혼자 올라가시려고요. 잠시만 기다려 보세요. 강남 씨~!"

박보람 씨가 손짓을 하며 불렀지만, 나강남 씨는 못 들은 체 갑자기 빠른 속도로 걷기 시작했다.

'쟤는 무슨…… 이 동네 정말 구질구질하네. 아, 맘에 안 들어. 얼른 자장면이나 먹고 떠야지.'

"강남 씨~ 강남 씨~ 강남 씨~!"

박보람 씨가 달려와 나강남 씨의 팔을 붙잡았다.

"못 들었어? 빨리 걷기 대회라도 하는 거야? 무슨 걸음이 그렇게 빨라? 저기 저 할아버지 좀 도와 드리자. 혼자서 저 많은 연탄을 싣고 어떻게 비탈길을 오르시겠어. 우리가 뒤에서 조금만 밀어 드리면 될 것 같은데, 응?"

"그러다가 내 옷에 시꺼먼 연탄이라도 묻으면 어쩌라고? 난 절대 못해. 그리고 난 귀하게 자라서 저런 연탄은 딱 질색이야. 남의 일에 상관 말고 얼른 그 대박반점이나 찾아봐. 배고파 돌아가시겠단 말야."

"그래도…… 가는 길인데 조금만 밀어 드리면…… 응?"

"얘가 왜 이래? 나 배고프다니까! 밀어 드릴 힘도 없다고! 그렇게 도와 주고 싶으면 네가 하든가!"

두 연인의 대화를 잠자코 듣고 있던 할아버지가 혼자서 비탈길을 오르기 시작했다. 한 발짝씩 조심조심 걸음을 옮기던 할아버지가 순간 균형을 잃고 뒤로 넘어졌다. 연탄은 모두 깨지고, 할아버지는 일어나지도 못한 채 끙끙 앓기만 했다.

"아이고~ 허리야! 아이고……."

"할아버지!"

박보람 씨가 깜짝 놀라 할아버지에게 달려갔다.

나강남 씨는 뒤를 따라 걸어가며 투덜댔다.

"내가 그럴 줄 알았지. 그러게, 노인네가 무슨 수로 저 많은 연탄을 한꺼번에 옮긴다고, 쯧쯧."

도저히 참을 수 없었던 박보람 씨는 나강남 씨를 노려보며 말했다.

"뭐라고? 나강남, 너 정말 이럴 거야? 다치신 할아버지를 부축해 드리진 못할망정 뭐가 어째? 아까 네가 조금만 도와 드렸어도 이런 일은 없었을 거 아냐? 당신 물리법정에 고소하겠어!"

박보람 씨는 나강남 씨의 인간성을 고쳐 보겠다는 생각에 그를 물리법정에 고소했다.

같은 방향으로 작용하는 두 힘의 합력 크기는
두 힘의 크기의 합이고, 서로 반대 방향으로 작용하는
두 힘의 합력 크기는 두 힘의 크기의 차입니다.

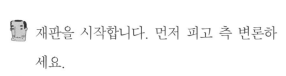

같은 방향으로 작용하는 두 힘의 합력
은 어떻게 될까요?
물리법정에서 알아봅시다.

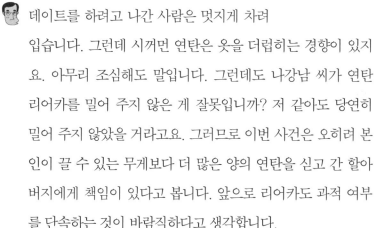

재판을 시작합니다. 먼저 피고 측 변론하
세요.

데이트를 하려고 나간 사람은 멋지게 차려
입습니다. 그런데 시꺼먼 연탄은 옷을 더럽히는 경향이 있지
요. 아무리 조심해도 말입니다. 그런데도 나강남 씨가 연탄
리어카를 밀어 주지 않은 게 잘못입니까? 저 같아도 당연히
밀어 주지 않았을 거라고요. 그러므로 이번 사건은 오히려 본
인이 끌 수 있는 무게보다 더 많은 양의 연탄을 싣고 간 할아
버지에게 책임이 있다고 봅니다. 앞으로 리어카도 과적 여부
를 단속하는 것이 바람직하다고 생각합니다.

물치 변호사! 정말 인간성 없어 보이는군요.

재판장님, 여기는 법정입니다. 인간성이 아니라 물리적으로
재판해야지요.

물리적 지식도 없어 보이는데 뭘 그래요! 피즈 변호사, 원고
측 변론하세요.

힘의 합성을 오랫동안 연구한 도하기 박사님을 증인으로 요
청합니다.

합력

하나의 물체에 두 개 이상의 힘이 작용할 때 물체에 작용하는 모든 힘들의 합을 '합력' 또는 '알짜힘'이라고 부른다.

체크무늬 양복을 입고 꽃무늬 넥타이를 맨 40대 초반의 남자가 증인석에 앉았다.

증인이 하는 일은 뭐죠?

힘의 합성에 대해 연구합니다.

합성이라면 더하는 거죠?

그렇긴 한데, 힘은 크기와 방향을 가진 양이기 때문에 무조건 더하는 것이 아니라 방향을 잘 따져서 더해야 합니다.

그게 무슨 뜻입니까?

같은 방향으로 작용하는 두 힘의 합력의 크기는 두 힘의 크기의 합이지만, 서로 반대 방향으로 작용하는 두 힘의 합력의 크기는 두 힘의 크기의 차가 되지요.

좀 더 알기 쉽게 설명해 주세요.

예를 들어 물체 오른쪽으로 2N을 작용하고 다시 오른쪽으로 3N을 작용하면 물체는 오른쪽으로 5N의 힘을 받은 것처럼 움직입니다. 하지만 물체 오른쪽으로 2N을 작용하고 왼쪽으로 3N을 작용하면 물체는 왼쪽으로 1N의 힘이 작용한 것처럼 움직이게 되지요.

크기만 중요한 게 아니라 방향도 중요하군요.

그렇습니다.

그렇다면 나강남 씨가 할아버지의 리어카를 같은 방향으로 밀어 주었다면 충분히 큰 힘이 리어카에 작용되어 이런 사고는 일어나지 않았겠군요.

그렇습니다.

정말 몰인정한 세상이 되었습니다. 나강남 씨의 조그만 힘이 같은 방향으로 보태지기만 했어도 이번 사고는 막을 수 있었을 텐데요. 그러므로 이번 사건에 대해 나강남 씨에게 모든 책임을 물어야 한다고 주장합니다.

판결 내리겠습니다. 물리적으로도 인간적으로도 나강남 씨의 괘씸한 행동을 용서할 수 없군요. 인간적인 도리도 모르면서 겉멋만 들어 있는 사람이 참과학을 추구하는 우리 과학공화국 국민이라는 사실이 정말 안타깝고도 부끄럽습니다. 나강

나란하지 않게 작용하는 두 힘의 합력

힘은 방향과 크기를 가진 벡터양* 이다. 그러므로 나란하지 않은 두 힘의 합력은 다음과 같이 구해야 한다. 두 힘을 각각 F_1, F_2라 할 때 두 힘의 합력은 아래 그림과 같이 평행사변형법에 따라 구할 수 있다.

* 벡터양: 벡터란 크기와 방향으로 정해지는 양으로, 힘, 속도, 가속도 따위를 벡터로 나타내며 화살표로 표시한다. 벡터양이란 힘이나 속도 따위와 같이 벡터로 표시되는 물리량을 뜻한다.

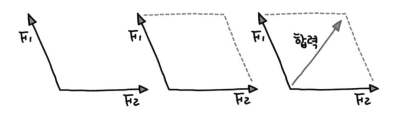

남 씨는 이번 사건에 대해 진심으로 반성하고서 원고지 1만 장 가득 반성문을 써서 제출하도록 하세요. 이것이 제가 최대한 너그럽게 내릴 수 있는 판결입니다. 물론 반성문에는 힘의 합성에 대한 내용도 들어가야 합니다.

두 힘의 합력

하나의 물체에 둘 이상의 힘이 작용하면 어떻게 될까요? 이때 작용한 힘들을 모두 더하면 됩니다. 하지만 힘이 크기뿐 아니라 방향도 가진다는 것을 생각하고 더해야 합니다. 여러 개의 힘이 하나의 물체에 작용할 때 모든 힘들을 더한 것을 '힘의 합력' 이라고 부릅니다. 즉 어떤 물체에 두 힘이 같은 방향으로 작용하면 힘의 합력의 크기는 두 힘의 크기의 합과 같고, 합력의 방향은 두 힘의 방향과 같습니다. 예를 들어 어떤 물체를 3N의 힘으로 오른쪽으로 밀고 있는데 다시 5N의 힘으로 오른쪽으로 민다고 해 봅시다.

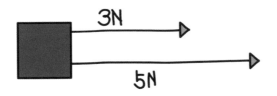

이때 물체가 받는 합력의 크기는 3+5=8(N)이 되고, 합력의 방향은 오른쪽으로 미는 방향이 됩니다.

두 힘의 방향이 반대일 때는 어떨까요? 이때는 두 힘의 크기를 비교해야 합니다. 즉 힘의 크기는 두 힘의 크기의 차이가 되고, 힘의 방향은 두 힘 중 크기가 큰 힘의 방향이 됩니다.

예를 들어 볼까요? 정지해 있는 물체를 왼쪽으로 5N의 힘으로 밀고 동시에 오른쪽으로 3N의 힘으로 밀면 물체는 어느 방향으로 움직일지 생각해 봅시다.

물론 큰 힘의 방향인 왼쪽으로 움직입니다. 이때 물체에 작용한 합력의 크기는 5-3＝2(N)가 되고, 힘의 방향은 큰 힘의 방향인 왼쪽으로 미는 방향이 됩니다.

나란하지 않은 두 힘의 합력

이번에는 두 힘이 나란하지 않는 경우를 살펴봅시다. 예를 들어

아래 그림과 같이 어떤 물체에 두 힘이 작용한다고 할 때,

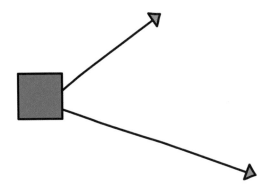

두 힘의 합력은 아래와 같이 주어집니다.

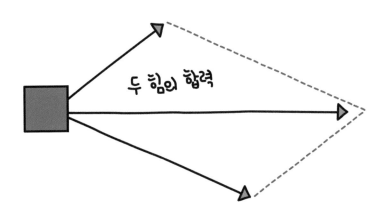

두 힘의 합력

이렇게 두 힘이 나란하지 않을 때 두 힘의 합력의 방향은 두 힘 중 어느 힘과도 나란하지 않습니다.

두 힘의 평형

이제 두 힘의 평형에 대해 알아볼까요? 먼저 두 힘이 나란한 경우를 생각해 봅시다. 어떤 물체를 왼쪽으로 5N의 힘으로 밀고 오른쪽으로 역시 5N의 힘으로 민다면 물체는 어떻게 움직일까요?

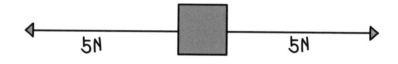

물론 움직이지 않습니다. 이는 물체가 실제로 받는 힘이 없어짐을 뜻하는데, 이런 상황일 때 두 힘이 평형을 이룬다고 합니다. 이때 물체에 작용한 힘의 합력을 구해 볼까요? 오른쪽으로 미는 힘을 양수로 나타내 +5N이라고 하면, 왼쪽으로 미는 힘은 방향이 반대이므로 음수로 나타내 -5N이 됩니다. 그러므로 이 경우 물체가 받는 힘의 합력은 다음과 같습니다.

(합력) = (+5) + (−5) = 0

이처럼 물체는 0의 힘을 받습니다. 0의 힘을 받는다는 것은 물체가 힘을 받지 않는다는 것과 같으므로 물체가 정지 상태를 그대로 유지하게 됩니다. 다시 말해 두 힘은 평형을 이루고 있는 것이지요.

두 힘의 평형의 일반화

회전문이 있습니다. 들어가는 사람과 나오는 사람이 같은 크기의 힘으로 문을 민다고 하면, 문에 작용하는 두 힘은 크기가 같고 방향은 반대입니다. 그렇다면 문이 움직이지 않아야 하는데 왜 회전을 하는 것일까요?

두 힘의 평형 조건을 살펴보면 아래와 같습니다.

● **한 물체에 작용하는 두 힘이 평형을 이룬다는 것은**
① 두 힘의 크기가 같다.
② 두 힘의 방향이 반대이다.

이것은 물체의 모양을 고려하지 않았을 때, 그러니까 물체를 하나의 점으로 간주할 때 적용되는 조건입니다. 백화점의 회전문처럼 모양을 가지고 있는 물체가 정지해 있으려면 아래 조건이 추가되어야 합니다.

③ 두 힘은 한 작용선상에 있다.

이제 아래 그림을 보면 물체가 움직이는 경우와 움직이지 않는 경우의 차이를 알 수 있을 것입니다.

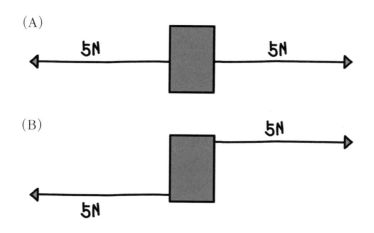

(A)

5N   5N

(B)

5N

5N

(A)는 두 힘의 크기가 같고 서로 반대 방향이고 작용선도 같으므로 물체는 움직이지 않습니다.

(B)는 두 힘의 크기가 같고 서로 반대 방향이지만 두 힘의 작용선이 다르므로 물체가 움직입니다. 즉 회전하게 됩니다.

제3장

마찰력에 관한 사건

마우스 패드가 왜 이렇게 까끌까끌하지? 마찰이 심한데!

좌회전이 안 되네?

마찰력이 없으면 차는 움직이지 않을까요?

사건속으로

박복녀 씨는 요즘 들어 콧노래를 흥얼거리는 일이
잦아졌다. 얼마 전, 박복녀 씨가 그렇게도 간절히
원하던 운전면허를 따고부터였다. 부잣집 사모님
인 박씨는 큼지막한 얼반지에 샹들리에처럼 어깨까지 드리워지는
귀걸이를 하고 다니며 늘 풍족하게 살아왔지만, 3년째 운전면허 시
험만 쳤다 하면 불합격이었다. 너무도 민망한 나머지 가까운 친척,
친구들과도 연락을 끊고 지냈다. 하지만 이제는 사정이 달랐다. 전
화번호가 적혀 있는 주소록을 들고 와 무릎 위에 펼쳐 놓고 사돈의
팔촌까지 다 전화를 돌려 호들갑스럽게 합격 소식을 알렸다.

"어머머, 애는. 요즘은 아줌마들도 운전면허증 정도는 다 가지고 있어야 하는 거 아니니? 너 너무 촌스럽다."

"그래, 달자야. 너 아직 운전면허증 없지? 나 이번에 그거 땄잖니. 오호호호~!"

혼자 신이 난 복녀 씨를 지켜보던 남편이 투덜거렸다.

"어지간히 좀 해. 몇 시간째 전화통만 붙들고 있을 거야?!"

박복녀 씨는 눈짓으로 알았다는 표시를 하고는 대충 수다를 마무리짓고 전화를 끊었다.

"당신도 참~! 내가 열다섯 번 만에 운전면허증을 땄는데 기뻐해 주지는 못할망정 면박만 주기야?"

열다섯 번이라는 말에 남편이 뚱한 표정으로 말했다.

"열다섯 번이나 시험을 쳐서 간신히 합격하고선 뭐가 그리 자랑이라고 동네방네 알리나? 남들은 다 한두 번 만에 착착 붙는데."

남편의 구박에 불퉁해진 그녀는 '흥!' 하는 콧방귀를 날리며 안방으로 들어가 버렸다.

"만날 떨어진다고 구박할 땐 언제고, 이제 붙으니까 또 구박이네. 도대체 어쩌라는 거야!"

그녀는 악어가죽 지갑에서 면허증을 꺼내 들고는 좋아 죽겠다는 듯 붉은 립스틱을 잔뜩 묻혀 가며 요란스럽게 뽀뽀를 해 댔다. 이게 몇 번짼지 몰랐다.

조금 뒤 박복녀 씨는 발목까지 오는 북슬북슬한 밍크코트를 꺼내 입고 알반지를 낀 손가락에 커다란 알반지를 하나 더 끼고서야 만족스러운 표정으로 외출 준비를 끝냈다.

"자, 그럼 친구들 만나서 자랑 좀 해 볼까?"

박복녀 씨는 현관을 나서며 거실에 있는 남편에게 말했다.

"여보~ 나 차 가지고 나갔다 올게~~."

"뭐, 당신, 운전할 수 있겠어? 타이어도 다 닳아서 갈아야 하는데……."

남편은 아무래도 불안한 모양이었다. 박복녀 씨의 외출을 말려 보려 했지만 복녀 씨는 막무가내였다.

"그럼 가는 길에 타이어도 갈아 끼우지 뭐. 당신은 아무 걱정 말고 있어~."

"누가 당신 걱정한데? 차가 걱정이지."

"이이가?!"

남편을 흘겨보며 현관문을 나선 박씨는 또각또각 구두 소리를 울리며 남편의 차로 향했다. 이윽고 운전석에 앉은 그녀는 비장한 얼굴로 시동을 걸었다.

부르릉~~!

남편의 걱정과는 달리 자동차는 순조롭게 시동이 걸리고 앞으로 나아가기 시작했다. 또다시 콧노래를 흥얼거리며 그녀는 타이어를 바꾸러 카센터로 향했다. 마침 길가에 허름한 카센터가 하나 보였다. 다 떨어져 가는 간판에 '다갈아 카센터'라는 글씨가 희미하게 남아 있는 곳이었다. 너무나 허름해서 썩 내키진 않았지만, 그렇다고 아는 카센터가 있는 것도 아니고 차에 대해 아는 것도 없고 해서 그냥 타이어를 갈러 왔다고 말했다.

정비공 고단한 씨는 낮잠을 자다가 손님이 오자 노골적으로 못마땅한 기색을 드러냈다.

'뭐 저런 사람이 다 있어?'

박복녀 씨는 화가 났지만 바가지라도 씌울까 봐 내색하지 않았다. 어슬렁어슬렁 대충 차를 훑어보던 고단한 씨가 말했다.

"네 개 다 갈 거유?"

"네?"

"몇 개나 갈 거냐고요."

박복녀 씨는 고단한 씨의 난데없는 물음에 고민하기 시작했다.

'원래 네 개 다 갈아야 하지 않나? 면허 시험에 그런 건 안 나왔는데…… 이 일을 어쩐다?'

박복녀 씨는 딱히 뭐라 대답해야 할지 생각이 나지 않았다. 그래서 "그냥 알아서 해 주세요."라고 얼버무리고는 찌든 기름때에 값비싼 밍크코트를 더럽히지 않으려고 카센터 밖으로 서둘러 나왔다.

곧이어 '위잉~' 하고 기계 돌아가는 소리가 나더니 고단한 씨가 타이어를 빼고 새 타이어를 끼워 넣었다. 그런데 왼쪽은 오래된 걸 그대로 놔두고 오른쪽 타이어 두 개만 갈고 마는 것이었다.

'원래 저렇게 한 쪽씩 갈아야 하는 건가?'

박복녀 씨는 그러려니 하고 타이어 값을 치른 뒤 운전대를 잡았다.

새 타이어를 끼워서 그런지 운전도 한결 쉬운 것만 같았다.

"음, 기분 좋은데. 어디 한번 달려 볼까? 후후."

박복녀 씨는 초보 운전임에도 과감하게 속도를 높이기 시작했다. 그렇게 신나게 달리다가 좌회전 표지판을 발견했다. 박씨는 부랴부랴 방향 지시등을 켜고 서서히 속도를 줄였다. 하지만 좌회전을 하려고 운전대를 돌리는 순간 차가 미끄러지기 시작했다.

끼이이이이익~~~~!

"아아악~~!"

중심을 잃고 뱅글뱅글 돌던 차는 '쿵!' 하는 소리와 함께 길가 가로수를 들이박고 멈추어 섰다. 운전대를 꼭 움켜쥐고 얼굴을 파묻고 있던 박복녀 씨는 엉망진창 헝클어진 머리를 살며시 들었다. 다행히 다친 데는 없었지만 차 앞부분이 심하게 찌그러졌다. 박복녀 씨는 정신이 반쯤 나간 얼굴로 차에서 내렸다.

"이, 이럴 리가 없어! 난 배운 대로 했다고!"

박복녀 씨는 놀란 가슴을 애써 진정시키며 119에 전화를 걸고는 부서진 차를 찬찬히 살펴보았다. 그 때 그녀의 눈에 거의 다 닳아서 밋밋해진 왼쪽 타이어가 보였다. 박씨의 눈에 불꽃이 튀었다.

"내가 이 정비사를 그냥!"

다음 날, 다갈아 카센터에 고소장이 한 장 도착했다.

타이어와 바닥 사이의 마찰력이
차를 회전시키는 힘을 만들어 줍니다.

다 닳은 타이어가 정말 이 사고의 원인이었을까요? 물리법정에서 알아봅시다.

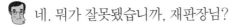

🙂 재판을 시작합니다. 물치 변호사, 또 당신이에요?

🙂 네. 뭐가 잘못됐습니까, 재판장님?

🙂 에효~! 내가 저 변호사가 맡은 사건은 판결 내리기 싫다고 그렇게 말했는데 또…….

🙂 그냥 받아들이세요. 그게 맘 편하실 텐데……. 히히.

🙂 일단, 피고 측 변론하세요.

🙂 존경하는 재판장님, 저 아줌마가…….

🙂 법정에서 아줌마가 뭡니까, 아줌마가! 원고라고 하세요.

🙂 쳇! 그게 그거죠, 뭐. 아무튼 초보 운전자인 원고가 겁 없이 운전을 해서 일어난 단순한 사고를 가지고 법정까지 와서 왈가왈부하는 건 말이 안 됩니다. 원고도 자기가 속력을 냈다고 인정하지 않았습니까? 단지 타이어가 닳았다는 이유만으로 사고가 났다고 주장한다면 그건 이 세상 모든 닳은 타이어에 대한 모독입니다. 이상입니다.

🙂 아이고, 골치야…… 원고 측 변론하세요.

🙂 빙글뱅글연구소의 최구심 박사님을 증인으로 요청하겠습니다.

조금 뒤 깡마른 몸에 숱이 엄청난 곱슬머리를 풀어헤친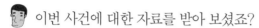
여자가 등장했다. 마치 나무 막대에 꽂힌 솜사탕처럼 보이
는 최구심 박사가 어지러운지 더듬더듬 증인석을 찾아 겨우 자리
에 앉았다.

이번 사건에 대한 자료를 받아 보셨죠?

네.

이번 사건의 원인을 알아내셨나요?

타이어를 잘못 끼워서입니다.

그럼 타이어를 네 개 다 갈아 끼워야 했나요?

그렇지는 않습니다. 보통 두 개씩 교환하거든요.

그건 왜죠?

자동차의 앞바퀴는 회전할 때 미끄러지지 않게 하는 역할을
하니까 쉽게 닳습니다. 그렇지만 뒷바퀴는 그렇지 않아요. 그
래서 보통 뒷바퀴의 타이어를 빼서 앞바퀴에 끼우고 뒷바퀴
의 타이어를 새로 갈아 끼웁니다.

특별히 앞바퀴가 빨리 닳는 이유가 있습니까?

마찰력 때문입니다.

그게 무슨 말씀인가요?

좌회전을 하는 경우는 왼쪽 앞바퀴의 타이어와 바닥 사이의
마찰력이 중요합니다. 이 마찰력이 차를 좌회전시킬 수 있는

힘을 만들어 주거든요. 그러므로 이번 사건처럼 왼쪽 타이어가 밋밋하다면 차는 좌회전을 할 힘을 내지 못해 바깥으로 밀려나게 됩니다. 스케이트 날을 제대로 갈지 않고 타면 회전을 하기 어려운 것과 마찬가지예요.

그렇다면 타이어 교환에 심각한 문제가 있었던 거군요. 재판장님, 판결 부탁합니다.

잘 들었습니다. 판결은 간단합니다. 타이어 교환을 왼쪽만 한다거나, 반대로 오른쪽만 한다는 건 도무지 이해할 수 없는 일입니다. 차가 직선으로만 달린다면 문제가 없겠지만, 그건 불가능한 얘기지요. 이번 사건은 다같아 카센터 측이 물리학적으로 무지해서 일어난 것이므로 모든 책임을 카센터 측에서 져야 합니다. 이것으로 판결을 마치겠습니다.

 보자기 스노 체인

보자기처럼 쉽게 씌우고 벗길 수 있는 스노 체인도 있다. 폴리에스테르 재질이라 눈의 습기를 흡수해 타이어의 마찰 지수를 높여 주고, 제동 거리가 일정 정도 생긴다는 특징이 있다. 빗길이나 눈길에서는 수막 현상* 때문에 미끄러지는데, 이 원단이 물기를 흡수하므로 마찰 계수가 커져서 잘 멈추는데다 듣기 싫은 쇳소리가 나지 않는다는 것이 이 체인의 장점이다.

* 수막 현상: 비나 눈이 와서 물이 고여 있는 노면 위를 고속으로 달릴 때 타이어와 노면 사이에 물의 막이 생기는 현상을 뜻한다.

움직이지 않는 마우스

우리가 사용하는 마우스에도 마찰력이 작용할까요?

한국대학교 미대 2학년인 한예술 양은 예쁘고 날씬한데다 그림 실력까지 뛰어나 학교에서 알아주는 퀸카였다. 하지만 아는 것 없고 도도하고 자존심이 강했다.

어느 날, 수업을 마친 한예술 양은 친구들과 음료수를 마시며 수다를 떨고 있었다. 그런데 한예술 양의 라이벌이자 고등학교 친구였던 박함별 양이 다가왔다.

"어머, 한예술! 여기서 또 만나네? 너 이번에 컴퓨터 디자인 수업 F 받았다며? 우리 컴퓨터디자인실 갈 건데 같이 가서 연습할래?"

"싫어, 너나 가!"

"왜~? 내가 도와 줄게. 이번에는 점수 잘 받아야 할 거 아니니. 아, 맞다! 미안, 내가 깜박했네. 너 컴맹이지? 푸하하하, 그럼 안녕! 나중에 또 보자."

"으~ 박함별……! 정말 마음에 안 들어……."

친구들 앞에서 망신을 당한 한예술 양은 당장 컴퓨터를 배워야겠다고 마음먹었다. 그길로 전자제품 대리점으로 달려갔다.

"저기요, 컴퓨터 한 대 주세요!"

웬 여자가 대리점 안에 들어서면서 느닷없이 소리를 치니 직원들은 놀라서 멍하니 쳐다보았다.

"어떤 컴퓨터를 찾으시는지…… 어떤 용도로 주로 쓰는지 말씀해 주시면 저희가 추천을 해 드리겠습……."

직원의 말이 채 끝나기도 전에 한예술 양이 대답했다.

"아무튼 제일 좋은 걸로 주세요!"

"네? 그래도……."

"여기서 가장 비싸고 좋은 거 달라니까 뭘 자꾸 물어 봐요?"

"아…… 예. 알겠습니다. 잠시만 기다리세요……."

직원들은 수군대기 시작했다.

"저 여자…… 뭐야?"

그 날 저녁, 드디어 컴퓨터가 집으로 배달되었다.

"좋아! 나도 이제 컴맹 탈출이야! 박함별, 기다려라!"

그런데 마우스가 제대로 움직이지 않았다.

"뭐야? 왜 안 움직여!"

화가 난 한예술 양은 당장 대리점에 전화를 했다. 하지만 시간이 늦었던 터라 대리점 직원들은 이미 다들 퇴근을 하고 난 뒤였다.

"이런…… 이제 어쩐다?"

고민하던 한예술 양은 친구에게 전화를 걸었다.

"……마우스 패드를 깔고 하면 돼."

"그게 뭔데?"

"컴퓨터 살 때 안 줬어? 아님……."

"마우스 패드? 없거든? 그거 어디서 사야 하지?"

"동네 문구점에서도 팔고, 컴퓨터 가게에도 있을……."

뚜뚜뚜뚜…….

"여보세요? 한예술~ 여보세요? 애 좀 봐! 또 자기 할 말만 하고 끊네. 하여튼 성격하고는……."

한예술 양은 벌써 집에서 나와 컴퓨터 가게를 찾아다녔다. 10분쯤 돌아다녔을까? 간판에 '컴퓨터'라는 글씨가 삐뚤빼뚤 쓰여 있는 허름한 컴퓨터 가게가 하나 보였다. 문은 반쯤 열려 있었다.

"어유~ 가게 꼬라지하고는~! 암튼 어쩔 수 없지."

한예술 양은 가게 문을 힘차게 열어젖히며 안으로 들어섰다.

"저기요……."

뚱뚱한 남자가 텔레비전을 보며 낄낄거리고 있었다.

"저기요!"

한예술 양의 목소리가 들리지 않는지 남자는 꿈쩍도 안 했다. 화가 난 한예술 양은 리모컨을 꾹 눌러 텔레비전을 꺼 버렸다.

남자는 황당한 듯 한예술 양을 쳐다보았다.

"아니, 이 여자가……! 도대체 뭐 하는 거요? 무슨 일인데 이래요?"

"마우스 패드 줘요."

"참나~ 말로 하면 될 것이지, 재밌게 보고 있는 텔레비전은 왜 끄고 난리야? 여기 있수다."

"이봐요! 장사를 하려면 똑바로 해야죠! 손님이 와서 몇 번을 불러도 그렇게 텔레비전만 보고 있으면 어떡해요. 이런 식으로 장사하면 망한다고요!"

한예술 양은 신경질적으로 돈을 건네고는 마우스 패드를 들고 사라졌다.

주인 남자는 황당하고 어이가 없는지 멍하니 서 있었다.

"아니…… 뭐 저런…… 여자가…….."

한예술 양은 곧장 집으로 달려가 마우스 아래에 패드를 깔았다.

"좋았어! 어디 한번 해 볼까?"

그런데 마우스를 움직이면 마우스 패드가 함께 움직였다.

"뭐야! 이거 왜 이래?"

한예술 양은 다시 한 번 마우스를 살살 움직여 보았다. 하지만 역시 마우스 패드가 따라 움직이니 모니터에 아무런 움직임도 나타나지 않았다.

한예술 양의 눈에서 번쩍 불이 튀었다. 머리 위로 천둥 번개가 치는 것만 같았다.

"속았어!"

한예슬 양은 마우스 패드를 오른손에 움켜쥐고 부리나케 컴퓨터 가게로 달려갔다.

"이봐~ 이런 불량품을 팔면 어쩌자는 거야?! 감히 나를 속여? 내가 모를 줄 알았지? 당장 바꿔 줘!"

그러고는 다른 걸 빼앗듯 낚아채더니 총알같이 사라져 버렸다.

주인 남자는 넋이 나간 듯한 표정으로 중얼거렸다.

"방금 뭐가 지나갔나……?"

그러나 곧 정신을 차린 듯 도리질을 치고는,

"저 여자, 뭐야~! 우이씨……!"

한예술 양은 다시 마우스 아래에 패드를 깔고는 천천히 마우스를 움직여 보았다.

"어라? 이것도 불량품이야?"

마우스 패드는 또 움직였다.

화가 머리끝까지 치밀어 오른 한예술 양은 컴퓨터 가게 주인을 물리법정에 고소했다.

마우스 패드에서 마우스를 올려놓는 부분은 매끄럽게 만들어서
마찰이 적게 일어나므로 마우스가 잘 움직입니다.
반대쪽 책상에 닿는 부분은 까끌까끌하게 만들어서
마찰이 많이 일어나므로 책상 위에서 잘 움직이지 않습니다.

여기는 **물리법정**

마우스 패드는 어떤 원리로 만들까요?
물리법정에서 알아봅시다.

 재판을 시작합니다. 원고 측 변론하세요.

 마우스 패드는 마우스가 잘 움직이도록 받
치는 판입니다. 그런데 마우스 패드가 마우
스를 따라다니면 도대체 어떻게 마우스를 움직이란 말인가
요? 이런 불량품을 판매하다니…… 당장 컴퓨터 가게의 영
업 허가를 취소할 것을 요구합니다.

 그건 두고 봅시다. 그럼 이번에는 피고 측 변론하세요.

 마찰이용연구소의 김꺼끌 박사님을 증인으로 요청합니다.

피부가 거칠거칠하고 구릿빛인 30대 근육남이 알통이
불룩한 팔을 들어 증인 선서를 하고는 증인석에 앉았다.

 증인이 하는 일은 무엇입니까?

 마찰력을 어디에 이용하는지 찾고 있습니다.

 마찰력이야 운동을 방해하는 힘이잖아요? 그런데 어디 써먹
을 데가 있나요?

 모르시는 말씀입니다. 겨울에 눈이 쌓인 도로를 달릴 때 사용

하는 스노타이어는 일부러 마찰력을 크게 해서 잘 미끄러지지 않게 만든 거잖아요?

하지만 마우스 패드는 미끄러지듯 잘 움직여야 하잖아요? 그렇다면 마찰력을 이용할 이유가 없는 것 같은데요?

그건 변호사님 생각이지요.

이유를 들어 봅시다.

마우스 패드는 양쪽 면의 성질이 서로 반대랍니다. 먼저 마우스를 올려놓는 면은 변호사님 말씀처럼 마찰이 적게 일어나게끔 만듭니다. 그럼 마우스가 잘 움직이지요. 하지만 반대쪽 면은 다릅니다.

어떻게 다르죠?

그 곳은 까끌까끌하게 만들어서 마찰력을 많이 받도록 합니다.

그 이유는 뭐죠?

마우스를 움직일 때 패드가 책상에서 잘 움직이지 않도록 하기 위해서지요. 그럼 패드는 안 움직이고 마우스는 잘 움직일 테니 마우스 조작이 아주 편하겠지요?

그렇다면 한예술 양의 마우스 패드에는 어떤 문제가 있었던 거지요?

제가 조사해 본 결과, 아무 이상이 없었습니다.

그럼 마우스 패드는 왜 움직인 거죠?

패드를 거꾸로 놓고 사용했기 때문이지요. 그러다 보니 바닥

과 닿는 면은 마찰이 적어 잘 미끄러지고 마우스와 닿는 면은 마찰이 커서 잘 안 움직이니까 마우스와 패드가 함께 움직였던 거예요.

 정말 웃음만 나오는 사건이군요. 재판장님, 피고는 무죄죠?

 물론 무죄이지만, 앞으로 또 이런 일이 일어나지 않도록 컴퓨터 주변기기를 판매하는 모든 업주들이 의무적으로 그 주변기기를 올바르게 사용하는 방법을 알려 주어야 한다고 생각합니다. 그것이 올바른 상거래 아닐까요? 이상 재판을 마치겠습니다.

 마우스

꼬리가 긴 생쥐와 생김새가 비슷한 컴퓨터 입력 장치 '마우스'를 만든 사람은 더글러스 엔젤바트이다. 그는 마우스 발명으로 미국의 권위 있는 발명가상인 레멀슨-MIT상을 받았다. 엔젤바트는 제2차 세계 대전 당시 미군의 레이더 기술자로 활동했으며, 1968년에는 스탠퍼드 대학교 연구원으로 마우스의 개념을 처음 소개했다. 그는 컴퓨터로 인쇄를 하거나 카드에 구멍을 낼 수 있다면 당연히 사용자가 원하는 형태의 그림을 컴퓨터 화면에 나타낼 수 있을 것이라고 생각했다. 만약 컴퓨터가 사용자의 모든 명령에 즉각 반응할 수만 있다면 생산성이 얼마나 높아지겠느냐며 컴퓨터 관련 학술회의에서 이 같은 구상을 발표했지만 돌아오는 것은 비웃음뿐이었다. 그러나 그는 연구를 거듭했고, 지금의 마우스의 조상인 'x-y 위치 표시기'를 발명했다. 작은 나무 상자로 만든 이 '신기한 기계'에는 붉은색 버튼과 꼬리처럼 가느다란 줄이 달려 있었다. 이후 수억 개의 마우스를 만들었지만, 이렇게 획기적인 발명을 하고서 그가 얻은 대가는 고작 1만 달러. 스탠퍼드 대학교 연구소 측이 특허에 관한 모든 권한을 주장했기 때문이다.

잘 움직이는데 무슨 마찰?

멈추지 않고 계속 공을 굴릴 수 있을까요?

과학공화국에는 엉뚱한 과학자들이 많았다. 특히 개인 연구실을 차려 놓고 자기만의 물리를 연구하던 김칩거 씨는 초등학교만 나왔지만 책을 많이 읽어서 주위에선 '김 박사' 또는 '김가이버'로 통한다.

그는 동네를 구석구석 돌아다니면서 이것저것 간섭 안 하는 것이 없을 정도였는데, 전구가 고장나면 그것이 왜 고장이 났으며 어떤 전구를 사용하는 것이 전기에너지를 아끼는 방법인지까지 자세히 알려 주었다. 이렇듯 동네 마당발 물리학자였다.

하지만 그에게도 약점이 있었다. 그것은 물리학 지식이 너무 없다 보니 어려운 물리책을 이해하지 못한다는 점이었다. 사정이 이러하니 다른 사람들이 쓴 책을 보고 의문점이 생길 때마다 연구를 해서 이해하는 식이었다.

그러던 어느 날, 김칩거 씨는 최근 베스트셀러인 《마찰의 모든 것》이라는 책을 읽고 마찰력에 대한 연구를 본격적으로 시작했다.

그는 500쪽이 넘는 책을 참고 도서까지 펼쳐 가며 1주일 만에 완벽하게 독파했다. 그 책에는 물체가 정지해 있을 때 작용하는 정지 마찰력과 물체가 움직이면서 받는 운동 마찰력에 대해 자세히 설명되어 있었다.

그런데 며칠 뒤 김칩거 씨는 고민에 빠졌다.

"움직이는데 왜 마찰력을 받지? 가만, 마찰력은 못 움직이게 하는 힘이니까…… 움직이는데 마찰력을 받는다면 움직이면서 못 움직여야 하니까 모순이 되잖아? 뭔가 잘못된 게 틀림없어."

김칩거 씨는 이렇게 생각하고는 자기 의견을 정리해 그 책을 쓴 고마찰 박사에게 보냈다.

그리고 며칠 뒤, 고마찰 박사에게서 다음과 같은 답변을 받았다.

김칩거 씨라고 했나?

마찰력에 대해 좀 더 이해한 다음에 질문을 하도록 하시오. 난 당신이 보낸 말도 안 되는 질문에 답변할 시간이 없소. 어디 가서 물리를 좀 더 배우길 바라오.

"뭐라고? 나도 우리 동네에서는 물리 박사로 통하는 몸이야! 이거 왜 이러셔!"

김칩거 씨는 고마찰 박사의 편지에 몹시 기분이 상했다.

몇 날 며칠 아무리 생각해 봐도 자기 의견이 옳다고 굳게 믿은 김칩거 씨는 고마찰 박사의 책이 독자들에게 과학적 오류를 전하고 있다며 그를 물리법정에 고소했다.

물체가 정지해 있을 때에도 마찰력이 작용하는데,
이를 '정지 마찰력' 이라고 합니다. 또 정지 마찰력보다
더 큰 힘을 물체에 가하면 물체가 움직이는데,
이때에도 일정한 크기의 운동 마찰력이 작용합니다.

물체가 움직일 때에도 마찰력에
영향을 받을까요?
물리법정에서 알아봅시다.

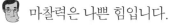 재판을 시작하겠습니다. 먼저 원고 측 변
론하세요.

마찰력은 나쁜 힘입니다.

뜬금없이 그게 무슨 말이죠?

움직이는 걸 방해하잖습니까? 왜 못 움직이게 막는 겁니까?

내가 안 막았는데요.

마찰력 말입니다.

계속해 보세요.

마찰력은 물체가 움직이지 못하게 막는 힘이라고 저도 배웠
습니다. 그런데 움직일 때 마찰력이 생긴다고 하면 서로 앞뒤
가 맞지 않습니다. 그러므로 움직이는 동안은 마찰이 없다는
게 저와 원고 김칩거 씨의 주장입니다.

헷갈리는군! 피즈 변호사, 피고 측 변론하세요.

저는 피고인 고마찰 박사님을 증인으로 요청합니다.

　무척 비싸 보이는 양복을 입은 50대 남자가 도도한 걸음
걸이로 증인석으로 걸어가 자리에 앉았다.

증인은 마찰력의 권위자시죠?

최고 권위자요!

알겠습니다. 그동안의 연구를 모아 얼마 전 '마찰력의 바이블'이라고 일컬어지는 책을 펴내셨지요?

그렇소. 그 책은 나의 모든 것이오.

그럼 본론으로 들어가 김칩거 씨의 주장에 대해 어떻게 생각하는지 말씀해 주십시오.

한 마디로 허튼소리지요.

좀 구체적으로 설명해 주시겠습니까?

마찰력에는 두 종류가 있소.

어떤 것들입니까?

정지 마찰력과 운동 마찰력이요.

어떤 차이가 있죠?

정지 마찰력은 물체가 정지해 있을 때 물체가 받는 마찰력이요. 그러니까 무거운 바위를 밀었는데 바위가 꿈쩍도 안 한다면 그건 내가 민 힘과 크기는 같고 방향은 반대인 정지 마찰력이 있기 때문이오.

정지 마찰력은 내가 민 힘과 같군요.

그렇소.

그럼 물체를 밀었을 때 움직이는 경우는 어떻게 되는 거죠? 마찰을 이겨 냈으니 더 이상 마찰력에 영향을 받지 않는 거 아닌가요?

 물체가 정지해 있을 수 있는 최대의 마찰력을 '최대 정지 마찰력' 이라고 불러요. 이 힘보다 큰 힘을 물체에 작용하면 물체는 움직이기 시작하는데, 이 때도 물체는 마찰력을 받아요. 그 마찰력을 운동 중에 받는 마찰력이라고 해서 '운동 마찰력' 이라고 부르지요.

 그것을 확신할 수 있습니까?

 만일 움직이는 물체가 마찰력을 받지 않는다면 한 번 굴린 공은 영원히 굴러갈 거요. 그리고 자동차의 브레이크를 밟아도 자동차는 멈추지 않고 계속 굴러가겠지요. 하지만 그러지 않잖아요? 이것이 바로 움직여도 마찰력을 받는다는 증거요. 이제 아시겠소?

 마찰력을 줄인 예

표면이 울퉁불퉁하면 마찰력은 강해진다. 예를 들어, 상어의 표피를 연구해 그것을 본떠 만든 섬유로 온몸을 감싸는 전신 수영복을 개발했는데, 이는 기존 섬유보다는 물론이고 인간의 피부보다도 물과의 마찰이 훨씬 덜하다. 이렇게 해서 얼굴을 제외한 온몸을 감싸는 선수용 수영복이 나오게 되었다. 또한 외국의 한 항공사 연구팀은 여객기 표면을 상어 표피처럼 만들면 마찰이 줄어들어 연료 소비를 크게 줄일 수 있다는 사실을 알아냈다. 한편 고체, 액체 윤활제* 처럼 마찰력을 줄여 주는 물질도 있다. 쉬운 예로, 자동차의 휠은 바퀴와 연결되어 돌아야 하므로 마찰을 일으킬 수밖에 없다. 마찰이 심해지면 연료 소비가 증가하고 휠의 수명도 짧아지므로 오일이나 그리스 같은 윤활제를 발라 마찰을 줄인다.

* 윤활제: '감마제' 라고도 한다. 기계가 맞닿는 부분에 바르면 매끄러워져서 마찰을 줄여 주고 마모되거나 녹아 붙는 것을 막아 준다.

 그렇게 이해할 수 있겠군요. 재판장님, 판결 부탁드립니다.

 마찰력에 두 종류가 있다는 것을 이번에 처음 알게 되었습니다. 그러므로 김칩거 씨의 고소는 아무 의미가 없습니다. 하지만 고마찰 박사는 앞으로 학력이 낮은 아마추어 과학자들의 질문에 이번처럼 무시하는 투로 답하지 말고 아주 착하고 겸손한 마음으로 한 수 가르칠 것을 권고합니다. 이상 판결을 마치겠습니다.

마찰력

구르던 공은 영원히 구르지 않고 언젠가는 멈추게 됩니다. 이렇게 물체가 운동을 계속하지 못하게 하고 물체의 운동을 방해하는 힘을 '마찰력'이라고 하지요. 마찰력은 물체의 면과 바닥 면 사이에서 작용합니다.

아래 그림처럼 물체를 3N의 힘으로 잡아당겼는데 움직이지 않는다고 해 봅시다.

이처럼 물체가 움직이지 않는 것은 3N 이외에 다른 힘을 받아 물체가 받는 합력이 0이 되기 때문입니다. 그러니까 물체에 −3N의 힘이 작용해야 하는데, 여기서 '−'는 반대 방향을 나타내니까 물체를 잡아당기는 힘과 크기는 같고 방향은 반대인 힘이 물체에 작

용한다고 설명할 수 있습니다. 바로 마찰력이 작용한 것이지요.

이렇게 물체를 잡아당길 때 물체가 움직이는 것을 방해해 물체가 그대로 정지 상태에 있게 하는 마찰력을 '정지 마찰력'이라고 부릅니다. 정지 마찰력과 물체에 작용한 힘 사이에는 아래와 같은 관계가 성립됩니다.

- **물체에 작용한 힘과 정지 마찰력은 크기는 같고 방향은 반대이다.**

이때 정지 마찰력은 수직 항력에 비례하며, 그 비례 상수를 '정지 마찰 계수'라고 부릅니다.

즉, (정지 마찰력) = (정지 마찰 계수) × (수직 항력)이 되지요.

이제 수직 항력에 대해 알아볼까요? 물체가 어떤 바닥에 놓여 있을 때 물체는 바닥을 어떤 힘으로 누릅니다. 그때 물체가 바닥을 누르는 힘에 대한 반작용이 물체에 작용하는데, 그 힘은 물체가 바닥을 누르는 힘과 크기는 같고 방향은 반대인 힘입니다. 이 힘을 수직 항력 'N'이라고 해요.

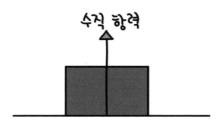

수직 항력

예를 들어 물체가 수평면에 놓여 있을 때에는 수직 항력이 물체의 무게와 같으므로 물체의 정지 마찰력은 물체의 무게와 정지 마찰 계수의 곱이 됩니다. 하지만 경사면에 놓여 있을 때에는 수직 항력이 무게와 같지 않다는 것을 명심해야 합니다.

오른쪽 그림은 경사면 위에 놓여 있으며 움직이지 않는 물체의 수직 항력을 나타낸 것입니다.

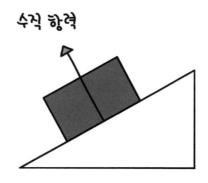

물체에 힘을 가해도 물체가 움직이지 않는 것은 바로 정지 마찰력 때문입니다. 그러나 정지 마찰력에도 한계는 있습니다. 그래서 물체가 그 한계보다 더 큰 힘을 받으면 물체는 움직이기 시작합니다. 바로 이 순간의 마찰력을 '최대 정지 마찰력' 이라고 부릅니다.

예를 들어 물체의 최대 정지 마찰력이 5N이라고 할 때 5N보다 작은 힘으로 물체를 밀면 물체는 움직이지 않지만 그보다 큰 힘으로 밀면 물체는 움직이게 됩니다.

그러면 물체가 일단 움직이면 마찰력을 받지 않을까요? 그렇지 않습니다. 물체가 움직이더라도 물체와 바닥 사이에는 끊임없이 마찰력이 작용합니다. 이렇게 물체가 움직일 때 받는 마찰력은 작용한 힘에 관계 없이 일정한 크기를 갖는데, 그 마찰력을 '운동 마찰력' 이라 부르지요. 운동 마찰력도 수직 항력에 비례하지만 그 비례 상수는 정지 마찰 계수와는 다릅니다. 이때의 비례 상수를 '운동 마찰 계수' 라고 부르지요.

따라서 움직이고 있는 물체가 받는 운동 마찰력은 다음과 같이 나타낼 수 있습니다.

(운동 마찰력) = (운동 마찰 계수) × (수직 항력)

물체에 작용하는 힘과 마찰력의 관계를 그래프로 나타내면 아래와 같습니다.

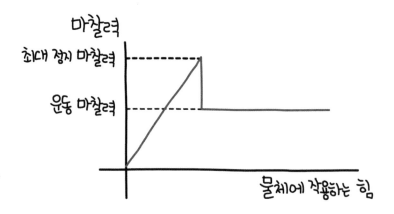

따라서 아래와 같은 결과를 얻습니다.

● 물체가 움직이기 전: 물체에 작용한 힘 = 정지 마찰력
● 물체가 움직인 뒤: 운동 마찰력 = 일정한 크기

과학성적 끌어올리기

그러므로 최대 정지 마찰력보다 큰 힘을 물체에 작용해 물체가 움직이도록 만들었을 때 물체에 작용하는 힘의 합력은 물체에 작용한 힘에서 운동 마찰력을 뺀 값이 됩니다. 이렇게 물체가 운동 중에도 마찰을 계속 받기 때문에 나중에는 물체가 받는 힘의 합력이 0이 되어 물체가 멈추는 것입니다.

구심력에 관한 사건

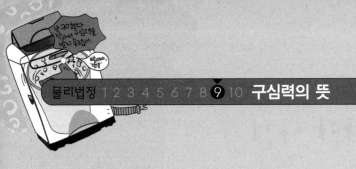

빨래를 누가 말릴 것인가?

원운동을 하는 물체의 구심력을 이용해 물기를 말릴 수 있을까요?

"또 비 와?"

과학공화국 눅눅시티는 기후가 워낙 습해서 시민들이 겪는 불편이 이만저만이 아니었다. 하루에도 몇 번씩 비가 오락가락하는데다 하늘엔 늘 구름이 잔뜩 끼어 있어서 해 구경하기가 엄청 힘들었다.

하지만 잘말라 세탁소의 안말려 씨에게는 무엇보다도 고마운 것이 눅눅시티의 습한 날씨였다. 워낙 눅눅하다 보니 집에서 세탁을 해도 옷을 말리기가 어려우니까 사람들이 애초에 세탁소에 옷을 맡겨 버렸던 것이다.

늘 일감이 가득한 안말려 씨의 세탁소가 부러웠는지 옆집 슈퍼 주인이 이렇게 말했다.

"아유, 세탁소 아줌마는 좋겠다. 날마다 그냥 돈을 긁어모으네……."

"뭘요. 워낙 동네에 세탁소가 많아서 저희는 벌고 말고 할 것도 없어요."

안말려 씨는 두 손을 저으며 엄살을 떨었다. 하지만 이번에 안말려 씨네가 세탁소를 넓히면서 거금을 들여 밤새 빨래를 말릴 수 있는 커다란 건조실을 따로 만들었다는 사실을 모르는 사람은 아무도 없었다.

커다란 선풍기가 쉴 새 없이 돌아가는 건조실을 흐뭇하게 바라보고 있던 안말려 씨가 중얼거렸다.

"내일도 비가 와야 할 텐데……."

"아~~~함! 비라면 이제 징글징글해. 근데 또 비야?"

안말려 씨의 동생 안졸려 씨가 입이 찢어져라 하품을 하며 대꾸했다.

"이 미련한 것아. 비가 와야 사람들이 우리 세탁소에 빨래를 맡기지 않겠니?"

"아하~ 그렇구나!"

다음 날, 안말려 씨의 바람을 듣기라도 한 것처럼 비가 쏟아졌다. 하지만 안말려 씨의 예상과는 달리 손님이 늘지 않았다. 다음 날도, 그 다음 날도 마찬가지였다. 안말려 씨는 내심 불안했지만 애써 태연한 척했다.

하지만 새로 늘린 건조실에 빈 빨랫줄이 하나 둘 늘어나기 시작하자, 안말려 씨는 초조해서 안절부절못했다.

"이상하다. 요즘 비가 좀 덜 왔나? 손님이 왜 이렇게 없지?"

"언니야, 뭐가 걱정이야? 손님이야 올 때 되면 어련히 알아서 오지 않겠어?"

오랜만에 여유를 만끽하고 있던 안졸려 씨가 텔레비전에서 눈을 떼지 않고 말했다.

안말려 씨는 아무런 대꾸도 하지 않고 가게 밖을 두리번거리며 초조해했다.

"어?!"

텔레비전 채널을 이리저리 돌리던 안졸려 씨가 벌떡 일어났다.

"좀 조용히 해. 손님이 왔다가 도로 나가겠다."

"어, 언니, 이것 좀 봐!"

안졸려 씨의 눈이 한층 더 커졌다.

"나 지금 텔레비전 볼 기분 아니거든."

"그게 아니라……"

한심스럽다는 듯 고개도 돌리지 않는 안말려 씨를 안졸려 씨가 억지로 텔레비전 앞에 끌어다 앉혔다. 텔레비전 화면을 본 안말려 씨 역시 할 말을 잃고 허겁지겁 텔레비전 볼륨을 높였다.

"정말 놀랍지 않습니까! 빨래를 넣고 돌리기만 했는데 이렇게 보송보송해지네요!"

"네, 그렇습니다. 구멍이 숭숭 뚫려 있는 회전하는 통 속에 빨래를 넣고 돌리기만 하면 싹 말라서 나옵니다. 이제 더 이상 세탁소에 가지 않아도 됩니다. 집에서 간편하게 말리세요!"

텔레비전 홈쇼핑 채널에서 쇼핑 호스트 두 명이 갖가지 감탄사를 쏟아 내며 '빨래 회전통'이라는 신제품 판매에 열을 올리고 있었다.

안말려 씨의 표정이 점점 일그러졌다.

"말도 안 돼! 어떻게 저렇게 간단하게 빨래가 마른단 거지?"

"그러게. 그것 참 신통하네."

"지금 감탄하고 있을 때니? 우린 망하기 일보 직전이라고!"

"그럼 어떻게 할 건데?"

안말려 씨는 입술을 잘근잘근 깨물었다.

"우리 눅눅시티의 수많은 세탁업자들이 똘똘 뭉쳐서 힘을 보여 주고 말겠어!"

그 날부터 안말려 씨는 눅눅시티에서 세탁업을 하고 있는 사람들을 모두 불러모아 대책 회의를 거듭했다. 마침내 다른 해결 방법이 없다고 생각한 세탁업자들은 빨래 회전통을 만들어 파는 사람을 물리법정에 고소하기로 했다.

구심력을 받아 원운동을 하는 빨래는 원통에 남아서 돌고,
그렇지 못한 물방울은 구멍을 통해 날아가 탈수가 됩니다.
이때 빨래통의 벽이 빨래를 미는 힘이 구심력 역할을 합니다.

여기는 **물리법정**

빨래를 돌리는 것만으로도 정말 물기가 마를 수 있을까요? 물리법정에서 알아봅시다.

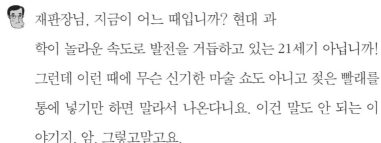

재판을 시작하겠습니다. 원고 측부터 진술하세요.

재판장님, 지금이 어느 때입니까? 현대 과학이 놀라운 속도로 발전을 거듭하고 있는 21세기 아닙니까! 그런데 이런 때에 무슨 신기한 마술 쇼도 아니고 젖은 빨래를 통에 넣기만 하면 말라서 나온다니요. 이건 말도 안 되는 이야기지. 암, 그렇고말고요.

흥분하지 말고 변론이나 하세요. 원고도 아니고 변호사가 그렇게 흥분을 하면 재판이 제대로 진행되겠습니까?

제가 지금 흥분 안 하게 생겼습니까? 말도 안 되는 기계에 사람들이 너도나도 현혹되어 다들 세탁소를 이용하지 않는다면 눅눅시티의 수많은 세탁소들은 결국 문을 닫을 수밖에 없다고요!

자자, 진정하세요. 피고 측 변론하세요.

네, 회전연구소의 고구심 박사님을 증인으로 요청합니다.

동그란 머리 군데군데에 원형 탈모 자국이 있는 60대

남자가 증인석으로 다가왔다.

 증인이 하는 일은 뭐죠?

 구심력을 연구하고 있습니다.

 자세히 설명해 주시겠습니까?

 구심력은 원운동을 일으키는 힘입니다. 우리가 원운동을 하려면 원의 중심 방향으로 향하는 힘이 있어야 하는데, 그게 바로 구심력이라는 거지요.

 예를 든다면요?

 줄에 돌을 매달아 빙글빙글 돌리는 경우를 생각해 볼까요? 이 경우는 줄의 장력(당기거나 당겨지는 힘)이 돌멩이의 원운동을 일으키는 구심력입니다.

 자동차가 커브를 도는 것도 구심력 때문인가요?

 세탁기의 원리

세탁기는 물, 세제, 회전력의 세 가지 요소로 옷가지에 붙어 있는 오물들을 떨어 내는 기기이다. 가정용 세탁기는 소용돌이형, 봉형, 휘저어 섞는 형 등 다양한 제품이 나오고 있고, 업소용으로는 드럼형 구조가 많다.

또 세탁조와 탈수조를 분리한 분리식과 전자동식 등 두 가지가 있다. 분리식은 세탁조와 탈수조가 분리되어 있다. 세탁조 바닥에 있는 회전 날개가 파도를 일으키면서 앞뒤로 방향을 바꾸어 가며 세탁과 헹굼을 하고, 탈수조는 고속으로 회전해 구심력을 받지 않는 수분을 흩날려 탈수한다. 전자동식은 통이 이중으로 겹쳐져 있다. 세탁조 바닥의 회전 날개가 회전해 세탁과 헹굼을 하고, 탈수조는 구멍이 많이 나 있는 안쪽 통을 고속 회전시켜 구심력을 받지 않는 수분이 빠져 나가게 한다.

 그렇습니다. 좌회전할 때는 왼쪽 앞바퀴의 마찰력이 구심력 역할을 해서 차가 회전하는 거지요.

 그럼 이 빨래 회전통의 원리는 뭐죠?

 구심력입니다.

 구심력과 빨래와 무슨 관계가 있나요?

 빨래의 마지막 단계는 물을 빼내는 탈수 과정입니다. 빨래 회전통이라는 제품은 바로 탈수기의 원리를 이용한 거예요. 구멍이 있는 원통에 빨래를 넣고 돌리면 구멍보다 큰 빨래는 벽에 붙어서 원운동을 합니다. 통의 벽이 빨래를 미는 힘이 구심력 역할을 하기 때문이지요. 하지만 빨래에 붙어 있던 물방울은 구멍보다 작으므로 구멍을 통해 빠져 나가게 됩니다. 그래서 구심력을 받아 원운동을 하는 빨래는 원통에 남아서 돌고 그렇지 못한 물방울은 구멍을 통해 날아가 탈수가 되는 것입니다.

 그런 과학이 있었군요. 어떻습니까? 재판장님.

 오늘도 좋은 거 배웠습니다. 나도 한 대 구입해야겠단 생각이 듭니다. 그럼 이번 판결은 모두가 예상하는 것처럼 피고의 무죄입니다. 새로운 발명을 시샘하지 말고 모두가 항상 새로운 것을 찾는 노력을 해야 하는 과학의 시대입니다. 이상 판결을 마칩니다.

회전 원판에서 떨어진 빈혈이?

원운동을 하던 물체가 밖으로 밀려나는 이유는 무엇일까요?

피부가 눈처럼 하얗고 입술이 앵두처럼 붉은 빈혈이는 초등학교 2학년이다.

빈혈이가 태어나던 날, 사람들은 모두 빈혈이가 말을 못 하는 줄 알았다. 왜냐하면 빈혈이가 다른 아이들처럼 '응애응애' 소리내어 울지 않았기 때문이다. 희고 창백한 빈혈이는 울 힘조차 없어 우렁찬 울음소리 한 번 내지 못하고 세상 밖으로 나왔다.

빈혈이의 엄마는 항상 노심초사하며 빈혈이를 키웠다. 행여나 감기에 걸리지 않을까, 넘어져서 다치지 않을까…… 빈혈이는 그렇게 온실 속의 화초처럼 엄마의 지극한 보살핌을 받으며 예쁘고 사랑스러운 아이로 커 갔다.

빈혈이네 반에는 송현이라는 남자 아이가 있었다. 송현이는 키도 크고 튼튼했다. 운동은 빈혈이 반 남자 아이들 중에서 제일 잘했고, 공부도 곧잘 해서 친구들에게 부러움을 샀다.

그런데 요즘 송현이가 이상했다. 책상 앞에 앉아 아무리 책을 들여다보려 해도 도무지 집중이 되지 않았던 것이다. 책을 덮고 거실로 나가 텔레비전을 켜 보지만 역시 아무것도 눈에 들어오지 않았다. 책 속에서도, 텔레비전 속에서도, 밥그릇 속에서도, 축구공 위에도, 심지어 화장실 변기 속에서도 빈혈이의 얼굴만 떠올랐다.

'휴~ 내가 왜 이러지?'

송현이는 이마의 땀을 훔치며 머리를 흔들었다.

다음 날, 학교에 간 송현이는 복도에서 자기에게 다가오고 있는 빈혈이를 보았다. 빈혈이가 한 걸음씩 가까워질 때마다 송현이의 심장은 튀어나올 듯이 쿵쾅거렸다.

'쿵, 쿵, 쿵!'

"송현아, 안녕?"

빈혈이가 사과 속살같이 하얀 이를 드러내며 송현이에게 인사를 건넸다. 그러자 송현이의 심장은 걷잡을 수 없이 요동치기 시작했다.

'쿵닥, 쿵닥, 쿵닥!'

급기야 얼굴까지 새빨갛게 달아올랐다. 그런 자기 모습이 부끄러웠던 송현이는 속마음을 숨기고 퉁명을 떨고 말았다.

"찹쌀떡같이 생긴 게! 앞으로 아는 척하지 마!"

"뭐, 찹쌀떡……?"

빈혈이의 앵두 같은 입술이 파르르 떨렸다.

"그래! 이 찹쌀떡아! 넌 도대체 어느 종족이냐? 얼굴이 허여멀건 게 한국인은 아닌 거 같은데, 정체를 밝혀라!"

이러면 안 되는데, 하면서도 마음에도 없는 말들이 따발총처럼 쏟아져 나왔다.

조금 뒤, 다른 남자 아이들이 우르르 달려와 송현이를 거들기 시작했다.

"정체를 밝혀라! 키득키득!"

"정체를 밝히래도!"

장난기가 발동한 남자 아이들 사이에 둘러싸인 빈혈이는 어쩔 줄 몰라 하며 송현이의 얼굴만 애타게 쳐다보았다. 그러나 송현이는 빈혈이의 눈을 외면한 채 다른 아이들과 어울려 계속해서 빈혈이를 놀려 댔다.

결국 호수같이 맑은 빈혈이의 눈에서 이슬 같은 눈물이 뚝뚝 떨어지기 시작했다. 그러자 남자 아이들은 더 재미를 느끼고, 더 짓궂게 놀려 댔다.

그러나 송현이는 더 이상 아무 말도 할 수가 없었다. 빈혈이의 눈물이 자기 심장을 타고 흘러내리는 것만 같아 가슴이 아팠다.

"야야, 그만해라! 재미없다!"

송현이는 빈혈이를 둘러싸고 있던 남자 아이들을 이끌고 교실로 들어갔다.

그러나 빈혈이는 그 자리에서 한 발자국도 움직일 수가 없었다. 계속해서 눈물만 흘리던 빈혈이는 조금 뒤 그 자리에 쓰러지고 말았다.

"빈혈아! 빈혈아!"

수업을 하러 교실로 들어오던 선생님이 빈혈이를 발견하고는 얼른 둘러업고 병원으로 달려갔다. 빈혈이를 놀려 댔던 아이들은 어쩔 줄 몰라 하며 서로의 얼굴만 쳐다보았다.

그 날 저녁, 송현이는 빈혈이에게 사과를 하려고 빈혈이의 집을 찾았다. 사과의 뜻으로 예쁜 장미꽃도 한 송이 샀다.

"띵동~! 띵동~!"

"누구세요?"

빈혈이 엄마였다.

"안녕하세요, 아주머니. 저 빈혈이 친구 송현이예요."

"아, 그래. 어서 오렴!"

빈혈이 엄마는 상냥한 목소리로 송현이를 맞아 주었다. 송현이는 집 안으로 들어와 두리번거리며 주위를 살폈다.

"빈혈이……는요……?"

"응, 방에 누워 있단다."

빈혈이 엄마가 송현이를 방으로 안내해 주었다.

빈혈이는 침대에 누워 곤히 잠들어 있다가 방문 여는 소리에 잠에서 깼다. 그러고는 송현이를 빤히 쳐다보았다.

"빈혈아…… 오늘 학교에서는 정말 미안했어……."

송현이는 고개를 푹 숙이고 모기 같은 목소리로 말했다. 빈혈이는 대답이 없었다.

'화가 진짜 많이 났나 보다.'

송현이는 내심 걱정하며 슬그머니 고개를 들었다. 그런데 송현이의 걱정과는 달리 빈혈이는 환하게 미소를 짓고 있었다. 빈혈이의 미소를 본 송현이는 용기를 얻어 손에 들고 있던 장미꽃을 내밀었다.

"빈혈아, 이거 받아! 너희 집에 오는 길에 샀어. 이 꽃이 꼭 널 닮았더라, 하하하!"

송현이는 어색하게 웃었다.

"고마워……."

빈혈이는 이불 속에서 힘없이 팔을 빼내 장미꽃을 받았다.

"빈혈아, 내가 사과하는 뜻으로 네 소원 하나 들어줄게. 뭐든지 말만 해."

빈혈이 곁에 앉은 송현이는 정말 하늘의 별도 따다 줄 것 같은 기세로 말했다. 빈혈이는 잠시 생각에 잠겼다.

"음…… 나 회전목마 타고 싶어!"

어쩐 일로 빈혈이의 입에서 우렁찬 목소리가 튀어나왔다. 빈혈이는 정말로 회전목마가 타고 싶은 모양이었다.

"회전목마? 그럼 놀이공원에 가야 하는데……."

송현이는 조금 전과 달리 걱정스러운 목소리로 말끝을 흐렸다.

"너 놀이공원 갈 수 있겠니?"

송현이가 빈혈이에게 물었다. 빈혈이는 대답 대신 힘없이 고개를 가로저었다. 빈혈이는 몸이 너무 약해서 학교 소풍도 따라갈 수 없었다. 그런 빈혈이가 사람들이 붐비는 놀이공원에 간다는 건 불가능한 일이었다. 송현이와 빈혈이는 한동안 아무 말이 없었다.

조금 뒤, 송현이의 머릿속에 좋은 생각이 스쳤다.

"빈혈아! 방법을 찾았어!"

송현이가 갑자기 소리치는 바람에 빈혈이는 몸을 움찔했다.

"그게…… 뭔데?"

"내일 학교 운동장으로 와 보면 알게 될 거야! 내일 학교에서 보자! 안녕!"

송현이는 빈혈이와 빈혈이 엄마에게 인사를 하고는 서둘러 돌아갔다.

다음 날, 송현이와 빈혈이는 학교 운동장에서 만났다. 두 아이는 운동장의 원판 앞에 서 있었다.

"빈혈아, 너만을 위한 회전목마야!"

송현이가 원판을 가리키며 말했다.

"푸힛!"

원판을 본 빈혈이가 피식 웃음을 터뜨렸다.

"작다고 우습게보지 말라고! 일단 올라타 봐! 회전목마보다 훨씬 신나게 해 줄 테니."

빈혈이는 송현이의 말대로 원판 위에 올라섰다. 그러자 송현이는 원판을 살살 돌리기 시작했다.

"빈혈아, 손잡이 꽉 잡아!"

송현이는 돌아가는 원판에 점점 속력을 가했다. 원판은 점점 빠르게 돌기 시작했다.

그런데 빈혈이는 갑자기 현기증을 느꼈다.

"송현아! 그만해!"

"재미있다고? 알았어! 좀 더 세게 돌려 줄게!"

사오정 기가 약간 있었던 송현이는 빈혈이의 말을 제대로 알아듣지 못하고 있는 힘을 다해 원판을 돌리기 시작했다. 조금 뒤, 빈혈이는 원판에서 밖으로 밀려나 땅바닥에 곤두박질치고 말았다.

"빈혈아! 빈혈아!"

송현이는 빈혈이를 부르며 달려갔다. 빈혈이는 또다시 기절해 정신을 차리지 못하고 있었다.

이 소식을 듣고 빈혈이 엄마가 학교로 달려왔다.

"선생님, 송현이라는 아이가 저희 빈혈이를 괴롭힌다는 건 저도 이미 알고 있습니다. 같은 반 친구라 참고, 또 참았지만 이제 도저히 못 참겠습니다. 저는 오늘 송현이를 물리법정에 고소하겠습니다."

빈혈이 엄마는 마음을 단단히 먹고 학교를 찾은 것 같았다. 결국 다음 날, 송현이는 물리법정에서 빈혈이 엄마와 마주했다.

원운동을 하는 데 필요한 구심력은 회전 속력의
제곱에 비례하지만 마찰력은 회전 속력과 관계없이
일정한 크기를 가집니다. 따라서 회전 속력이 커지면
필요한 구심력의 크기도 커지는데 마찰력의 크기가 그보다
작으면 마찰력이 구심력 역할을 못해 밀려나게 됩니다.

여기는 **물리법정**

빈혈이는 왜 회전목마에서 떨어졌을까요?
물리법정에서 알아봅시다.

 재판을 시작합니다. 먼저 피고 측 변론하세요.

 아이들끼리 놀다 보면 다칠 수도 있지, 뭘

그런 걸 가지고 엄마가 아이를 상대로 고소를 하고 그런답니까? 정말 요즘 세상은 살맛이 안 난다니까요. 흔히 회전목마라고 부르는 원판은 웬만한 초등학교에는 다 있습니다. 그리고 빙글빙글 회전할 때 떨어지지 말라고 손잡이가 달려 있다고요. 그걸 잡으면 안 떨어져요. 그러므로 빈혈 양이 딴 짓을 하다가 손잡이를 잡지 못해서 벌어진 사고라고 생각하면 됩니다. 저는 송현 군의 무죄를 주장합니다.

 피즈 변호사, 변론하세요.

 회전운동연구소의 김회전 박사님을 증인으로 요청합니다.

비쩍 마르고 얼굴빛마저 노래서 며칠은 굶은 것처럼 보이는 30대 중반의 남자가 증인석에 앉았다.

 증인이 하시는 일이 뭐죠?

롤러코스터의 구심력

롤러코스터를 타면 거꾸로 매달려 달리는데 왜 떨어지지 않을까? 그것은 바로 구심력 때문이다. 구심력은 회전 운동을 일으키는 힘으로, 물체가 맨 꼭대기를 돌 때에는 중력이 원의 중심 방향을 향하는 구심력의 역할을 하고, 물체가 원의 가장 아래 지점에 있으면 원 궤도가 롤러코스터를 위로 미는 힘이 구심력의 역할을 해서 회전을 하는 것이다.

 모든 종류의 회전 운동을 연구합니다.

 그럼 이번 사건과 같은 원판 운동에 대해서도 잘 아시겠군요.

 물론입니다.

 원판을 돌리면 아이들이 떨어질 수 있습니까?

 빨리 돌리면 그럴 수 있습니다.

 왜 속력과 관계가 있는 거죠?

 그건 바로 구심력 때문입니다. 원판 위에 선 사람이 원판과 함께 원운동을 할 수 있는 것은 그 사람의 발과 바닥 사이의 마찰력이 구심력 역할을 하기 때문입니다. 원운동을 하는 데 필요한 구심력은 회전 속력의 제곱에 비례합니다. 그러니까 회전 속력이 두 배가 되면 구심력이 네 배 필요하다는 거죠. 하지만 마찰력은 회전 속력과 관계없이 항상 일정한 크기를 가집니다. 그러므로 만일 회전 속력이 커져서 필요한 구심력의 크기가 커지는데 마찰력의 크기가 그보다 작으면 마찰력이 구심력의 역할을 하지 못해 더 이상 원운동을 하지 못하고 밀려나 원판 밖으로 떨어지게 됩니다. 마치 줄에 돌을 매달아 점점 빨리 돌리면 줄이 끊어지면서 돌이 날아가는 것과 같은 현상이지요.

 그렇다면 이번 사건의 경우 원판의 회전만 문제가 된 게 아니

라 송현 군이 너무 빠르게 원판을 돌려서 빈혈 양이 원운동을
하지 못해 밖으로 밀려나 추락했다고 볼 수 있겠군요. 재판장
님, 원판에 탄 사람에게 묻지도 않고 위험하게 원판을 아주
빨리 돌린 송현 군에게 사고의 책임이 있다는 것이 제 의견입
니다.

 충분히 동의합니다. 이번 판결은 피즈 변호사의 주장대로 원
판을 너무 빨린 돌린 송현 군에게 책임이 있음을 인정합니다.
송현 군의 부모님은 빈혈 양에게 정신적, 육체적 위자료를 지
급하도록 하세요.

구심력

물체가 원운동을 하는 원인은 구심력입니다. 지구 주위를 도는 위성의 운동도 지구와 위성 사이의 만유인력이 구심력의 역할을 하기 때문에 일어납니다.

어떤 물체가 원 주위를 돌면서 일정한 속력으로 움직인다고 할 때, 물체가 원을 따라 돌기 때문에 속도의 방향은 접선 방향이 됩니다.

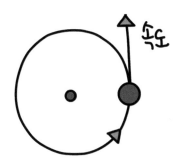

이때 물체가 원운동을 하는 데 필요한 구심력은 다음과 같은 공식을 따릅니다.

(구심력)=(물체의 질량)×(속도의 제곱)÷(반지름)

구심력의 예

줄에 돌을 매달아 돌
린다고 할 때, 구심력
의 역할을 하는 것은
줄의 장력입니다.

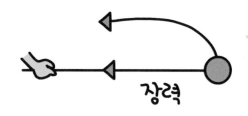

장력

이때 돌을 빨리 돌리면 속력이 커지니까 필요한 구심력도 커집
니다. 그런데 줄의 장력은 일정합니다. 튼튼한 줄은 장력이 크지
만, 쉽게 끊어지는 약한 줄의 장력은 작습니다. 만일 줄의 장력이
구심력보다 작으면 돌은 더 이상 원운동을 할 수 없습니다. 구심력
이 없어졌기 때문이지요. 그럼 돌은 어디론가 도망을 칠 것입니다.
어디로 도망칠까요? 그건 관성의 법칙으로 설명할 수 있습니다.
줄이 끊어지기 직전의 돌의 속도가 다음과 같다고 하면, 줄이 끊어

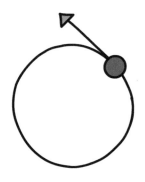

지기 직전의 속도의 방향이 접선 방향이고, 줄이 끊어지면 돌멩이가 받는 힘이 사라집니다. 그러므로 관성의 법칙에 따라 원래의 속도를 유지하게 됩니다. 원래 속도가 접선 방향이었으므로 돌은 접선 방향으로 날아갑니다.

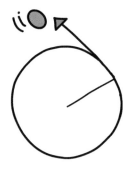

　이렇게 원운동을 하던 물체가 밖으로 밀려나는 것은 구심력이 없어졌기 때문입니다. 몇몇 책들에서는 이것이 원심력 때문이라고 잘못된 설명을 하고 있습니다. 하지만 그것은 사실과 다릅니다. 관성력을 다룰 때 자세히 설명하겠지만, 원심력은 실제 힘이 아니랍니다.

　구심력을 받지 못해서 물체가 밖으로 밀려나는 현상은 여러 경우에서 찾아볼 수 있습니다.

빙글빙글 도는 원판 위에 서 있는 사람을 생각해 봅시다.

이 사람이 원판에 붙어 돌 수 있게 하는 것은 이 사람과 바닥과의 마찰력입니다. 그런데 원판이 빠르게 돌면 마찰력이 구심력 역할을 하지 못해 사람이 원판 밖으로 밀려나게 됩니다.

옆으로 굽은 길을 도는 자동차는 타이어와 지면 사이의 마찰력이 구심력의 역할을 합니다. 눈이 와서 길이 미끄러우면 마찰력은 작아집니다. 이때 차가 빠른 속력으로 회전을 하면 마찰력이 그만한 구심력을 만들어 낼 수 없으므로 오른쪽으로 미끄러지게 됩니다. 그러니까 자동차의 속력을 줄여 마찰력이 구심력이 될 수 있게 조절하는 것이 안전합니다.

구심력의 공식

수식을 좋아하는 학생들을 위해 구심력의 공식이 어떻게 나왔는지를 자세히 설명해 볼까요? 먼저 질량 m인 물체가 반지름이 r인 등속 원운동을 하는 경우를 생각해 봅시다. 여기서 '등속' 이라는 것은 속력이 달라지지 않는다는 뜻입니다. 즉 등속 원운동을 하는 물체는 운동 방향이 접선 방향으로 계속 달라지지만 속력은 일정합니다.

이제 다음 그림과 같이 아주 작은 각도($\Delta\theta$)로 회전하는 동안 속도가 처음 속도($\overrightarrow{v_{처음}}$)에서 나중 속도($\overrightarrow{v_{나중}}$)으로 변했다고 가정해 봅시다.

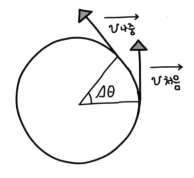

이때 물체가 아주 작은 거리 Δr만큼 이동했다고 합시다. $\Delta\theta$가 아주 작은 경우에는 부채꼴의 현 길이와 호 길이가 거의 같아지므로 부채꼴의 호 길이의 공식에 따라, $\Delta r = r\Delta\theta$가 됩니다.

아주 작은 각도 $\Delta\theta$ 회전에 걸린 시간이 Δt라고 하면 이 시간 동안의 평균 속도($\bar{v}$)는 $\bar{v} = \dfrac{\Delta r}{\Delta t} = r\dfrac{\Delta \theta}{\Delta t}$ 가 된답니다. 여기서 $\dfrac{\Delta \theta}{\Delta t}$
는 단위 시간 동안 회전한 각도를 나타내는데, 이를 '평균 각속도'
라고 부릅니다. 이때 Δt가 0에 거의 가까워지면 평균 속도는 물체
의 그 지점에서의 순간 속도 v를 나타내고, $\dfrac{\Delta \theta}{\Delta t}$ 는 순간 각속도가
되며, 보통 ω로 나타냅니다. 그러므로 물체의 순간 속도 v와 순간
각속도 ω 사이에는 아래와 같은 관계가 성립합니다.

$$v = r\omega$$

이번에는 가속도에 대해 알아볼까요? 그러려면 속도의 변화를
알아야 하는데, 이 경우 처음 속도와 나중 속도의 크기는 v로 같지
만 그 방향은 다릅니다. 이때 $\overrightarrow{v나중} - \overrightarrow{v처음}$ 을 그림으로 나타내면
아래와 같습니다.

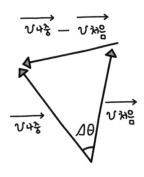

여기서는 처음 속도와 나중 속도의 크기가 같기 때문에 이등변 삼각형이 됩니다. 또한 Δt가 아주 작아지면 $\Delta \theta$도 아주 작아지므로 이때 이 이등변 삼각형은 반지름이 v인 부채꼴이라고 볼 수 있습니다. 따라서 속도 변화의 크기를 Δv라고 하면 $\Delta v = v \Delta \theta$가 됩니다. 양변을 Δt로 나누고 Δt가 아주 작다고 가정하면 아래와 같습니다.

$$가속도, \ a = \frac{\Delta v}{\Delta t} = v\frac{\Delta \theta}{\Delta t} = v\omega = r\omega^2 \left(or \ \frac{v^2}{r}\right)$$

그러므로 질량 m인 물체가 반지름이 r인 등속 원운동을 하는 경우의 구심력 F는 다음과 같습니다.

$$F = ma = mr\omega^2 \left(or \ m\frac{v^2}{r}\right)$$

충격력에 관한 사건

나살려 씨의 구조 요청

속력과 충돌에 걸리는 시간에 따라 충격력은 어떻게 달라질까요?

잡지사에서 일하는 나살려 씨는 오늘도 밤늦도록 이어진 야근으로 피곤한 몸을 이끌고 새벽 1시가 넘어서야 겨우 집으로 돌아왔다.

"휴~! 남들은 잡지사 기자라고 하면 멋지고 폼나게 사는 줄로만 알지. 이렇게까지 밤새 일하는 줄 알면 아마 놀라자빠질걸."

한숨을 쉬며 화장을 지우다가 눈가에 잔뜩 생긴 주름을 보고는 또다시 중얼거렸다.

"에구구~ 이 주름에 다크서클 좀 봐. 게다가 어깨, 허리 안 쑤시는 데가 없네. 어서 씻고 자야겠다."

나살려 씨는 서둘러 샤워를 끝내고 침대로 파고들어 그대로 쿨쿨 잠이 들었다. 하지만 조금 뒤 지나치게 후텁지근한 기분에 부스스 일어나 앉았다.

"보일러를 너무 세게 돌려나. 왜 이렇게 더운 거야?"

고개를 갸웃거리며 보일러실로 향하던 나살려 씨의 눈에 방 안이 온통 뿌옇게 보였다.

"응? 눈에 눈곱이 꼈나? 방이 왜 이리 뿌옇지?"

눈을 비비고 다시 보아도 방 안은 온통 안개가 긴 것처럼 뿌옇기만 했다. 무심결에 방문을 연 나살려 씨는 소스라치게 놀랐다. 아래층에서 불이 나서 그 연기가 5층에 사는 나살려 씨의 집까지 들어왔던 것이다. 나살려 씨는 잠이 확 달아났다.

"헉! 이게 어떻게 된…… 아니, 난 이제 어떻게 해야 하지?"

나살려 씨는 서둘러 창문을 열고는 아래쪽에 있는 사람들을 향해 소리치기 시작했다.

"사람 살려요! 여기, 여기 사람 있어요! 살려 주세요!"

나살려 씨가 목이 터져라 소리쳤지만 아래에 있는 사람들은 그녀를 발견하지 못했다. 불이 1층부터 시작해서 3층까지 옮겨 붙은 상황이라 다들 불을 끄느라 분주할 뿐이었다.

"콜록 콜록…… 사, 살려 주세요!"

이제 나살려 씨의 방 안까지 연기가 가득 찼다. 베란다로 나간 나씨는 베란다 문을 꼭 닫고는 악을 쓰기 시작했다.

"여기 사람 있다니까요!"

그 때 누군가가 나살려 씨를 발견하고는 소리쳤다.

"어! 저기 5층에 사람이 있어요!"

"이제 곧 119 구조대가 올 테니 조금만 참아요!"

아래쪽에 있는 사람들은 나살려 씨를 향해 소리쳤다.

"지금 기다리고 참게 생겼어요?! 일단 어떻게든 나 좀 살려 주세요, 엉엉!"

나살려 씨는 울먹이며 사람들에게 악다구니를 썼다.

"저 처자는 어쩌다가 저 지경이 될 때까지 몰랐데? 아까 대피할 때 서두르지 않고, 쯧쯧……."

102호 할머니가 혀를 끌끌 찼다.

사실 막 불이 났을 때 바깥이 소란스러웠기에 주민들 대부분 잠에서 깨어나 불이 많이 번지기 전에 대피할 수 있었다. 하지만 너무 피곤했던 나살려 씨는 그 소란에도 깨지 않고 쿨쿨 자다가 그만 위기에 처하게 된 것이었다.

"여기서 뛰어내리면…… 안 되지, 안 돼. 여긴 5층이라고."

나살려 씨가 아래를 내려다보며 중얼거렸다.

"별로 안 높아 보이는 것 같기도 하고…… 저 아래에 푹신한 게 있으면 뛰어내릴 수 있을 것 같기도 하고…… 아유, 내가 지금 무슨 생각을 하는 거야?"

그 때 커다란 청소차가 쓰레기를 가득 실은 채 나살려 씨 아파트

앞을 지나고 있었다.

"어, 어, 어……? 저기요, 아저씨! 청소차 아저씨!"

강 건너 불구경하듯 불이 난 곳을 쳐다보며 지나치던 환경 미화원 김슥삭 씨는 난데없이 부르는 소리에 깜짝 놀라 위를 쳐다보았다.

"지금 날 불렀어요?"

"네! 아저씨, 저 좀 살려 주세요, 네?"

나살려 씨는 정말 간절히 말했다. 잘만 뛰어내리면 청소차 위로 떨어져 무사히 탈출할 수 있을 것만 같았다.

하지만 김슥삭 씨의 반응은 차가웠다. 그는 코웃음을 치며 말했다.

"허, 그것 참……! 거기가 몇 층인지 알고 하는 얘기요? 지금 5층에서 뛰어내리기라도 하겠단 거요? 거기서 뛰어내렸다가는 최소한 사망이네요."

김슥삭 씨는 '부르릉' 소리를 내며 뒤도 안 돌아보고 사라져 버렸다.

"콜록, 콜록……! 지금 여기서 질식해서 죽으나 떨어져서 죽으나 마찬가지라고……!"

나살려 씨는 그렇게 서서히 정신을 잃었다.

다음 날 오후, 나살려 씨는 겨우 눈을 떴다. 정신을 차린 나살려 씨는 여러 차례 볼을 꼬집어 보고서야 자기가 병실에 누워 있다는 사실을 믿었다.

그런데 시간이 조금 흐르자, 그 청소차 아저씨가 자꾸 야속해지는 것이었다. 눈물까지 글썽 맺히도록 말이다. 그 때 일을 생각하며 나살려 씨는 이를 뿌드득 갈았다. 자기가 조금만 더 빨리 그 곳에서 탈출했다면 이렇게 병원 신세까지 지지는 않았을 것이라고 확신했다. 며칠 뒤 병원을 퇴원하는 길에 나살려 씨는 곧장 물리법정으로 향했다.

충격력은 충돌에 걸리는 시간에 따라 달라지는데,
충돌에 걸린 시간이 짧을수록 충격력이 더 큽니다.

나살려 씨가 살 길은 정말로 청소차로 뛰어내리는 것뿐이었을까요? 물리법정에서 알아봅시다.

재판을 시작합니다. 먼저 피고 측 변론하세요.

존엄하고 지엄하신 재판장님, 지금 김슥삭 씨는 피고석에 앉아 있어야 할 사람이 아닙니다.

아니, 피고가 피고석에 앉아 있지 않으면 어디에 있어야 한단 말입니까?

피고는 자기가 원고, 즉 나살려 씨를 구할 수 없다는 것을 알았기 때문에 무모한 행동을 하려고 하는 원고의 부탁을 일부러 거절했던 것입니다. 그런 피고의 행동이야말로 용감한 시민상감 아니겠습니까?

여기서 용감한 시민상이 갑자기 왜 튀어나옵니까?

제가 좀 흥분했나 봅니다, 흠흠…….

진정하고 원고 측 증언이나 잘 들으세요. 원고 측 변론하세요.

네, 충격연구소의 박충돌 연구원을 증인으로 요청합니다.

이윽고 '꽈당!' 하는 소리와 함께 한 남자가 바닥에 나뒹굴었다. 그 사람은 '박충돌'이라는 이름에 걸맞게 불안한

걸음걸이로 계속 여기저기 부딪치며 요란하게 들어와 겨우 증인석
에 앉았다.

🙂 이제 다 끝난 거지요? 휴~! 보는 사람이 다 조마조마하네요.
증언을 들어 봅시다.

🙂 숨 좀 돌리겠습니다. 헉헉……

🙂 증인은 충격에 대한 연구로 저명하신데, 충격이라는 것도 물
리에서 다루는 분야입니까?

🙂 물론입니다. 어딘가에 부딪치면 아프지요? 그건 '충격력'이
라는 힘 때문입니다. 두 물체가 충돌하면 두 물체는 서로에게
충격력을 작용합니다. 예를 들어 벽을 손으로 쳤다고 칩시다.
손은 벽에 충격력을 작용했고, 동시에 벽도 손에 충격력을 작
용하므로 손이 아픈 거예요.

🙂 그럼 이번 사건에 대해 어떻게 생각하시나요?

🙂 청소 차량이라면 충분히 사람이 뛰어내릴 수 있습니다.

🙂 그런가요?

🙂 콘크리트 바닥에 떨어진 그릇은 깨지더라도 이불에 떨어진
그릇은 깨지지 않겠지요?

🙂 당연하지요.

🙂 바로 그겁니다. 그릇을 떨어뜨리면 이불의 모양이 변하는데,
모양이 변하는 데에는 시간이 걸립니다. 보통, 충격력은 충돌

에 걸리는 시간에 따라 달라지는데, 충돌에 걸린 시간이 짧을 수록 충격력이 더 큽니다. 그러니까 콘크리트에 떨어지면 충돌에 걸리는 시간이 짧아서 충격력을 크게 받으니까 깨지고, 반대로 이불에 떨어지면 충돌에 걸리는 시간이 길어서 충격력을 작게 받으니까 깨지지 않는 것이랍니다.

 에어백

미국 소비자 보호 운동의 기수이자 1992년부터 네 차례나 미국 대통령 선거에 녹색당 후보로 나왔던 랄프 네이더는 미국 자동차 회사들이 인명 보호에 전혀 관심을 두지 않던 1960년대에 교통사고로 인명 피해가 급증하자 안전 규제 대책을 마련했다. 네이더는 자동차 안전 규제를 법으로 정하려고 연방 정부와 격론을 벌이기도 했다. 마침내 1966년 국회의 승인을 받아 자동차에 의무적으로 안전띠를 장착하게 했다. 초기의 안전띠는 허리만 시트에 고정하는 2점식이어서 시속 95킬로미터로 달리다 정면 충돌을 하면 운전자의 얼굴과 가슴이 운전대에 부딪혀 사망으로 이어지는 경우가 많았다. 이에 미국의 무명 자동차 부품 업체가 GM, 포드에 협조를 받아 4년간 연구를 거듭해 1971년 에어백을 개발했다. 아이디어는 공기 튜브에서 얻었다. 질소가스로 하늘을 나는 기구의 기능을 자동차 안전장치에 접목했던 것이다. 이 제품은 처음에는 '안전띠 보조용 승차자 보호 장치(SRS: Supplemental Restraint System Air-bag)'라는 이름으로 불렸는데, 나중에는 회사 이름까지 SRS에어백회사로 바꾸었다가 1976년 특허권을 몇몇 회사에 넘겨주고 문을 닫았다. 이후 제작 회사에 관계없이 에어백을 'SRS에어백'이라 부르고 있다.

에어백은 어떤 원리로 작동될까? 고속으로 달리는 차가 가로수나 마주 오던 차와 부딪치면 차 안에 있던 사람이나 물건은 물리 법칙에 따라 계속해서 앞으로 나아가게 된다. 그러니 운전자를 비롯해 차에 타고 있던 사람들이 다치게 마련이다. 이 가운데서도 가장 위험한 상황은 운전자와 조수석 쪽 승객이 앞으로 튀어나가는 경우, 운전자의 머리가 운전대에 부딪치는 경우, 그리고 충돌시 충격에 목뼈가 탈골되는 경우다. 안전띠가 있어 앞으로 튀어나가는 상황은 막을 수 있지만, 머리나 몸이 운전대나 앞 유리, 대시보드 등과 부딪히는 것을 완전히 막을 수는 없다. 달리던 차가 벽에 충돌했다고 생각해 보자. 범퍼가 벽에 부딪히는 순간과 머리가 운전대에 닿기까지는 시간 차이가 조금 있다. 이 짧은 순간 머리와 운전대 사이에 완충 작용을 할 만한 쿠션 따위를 넣어 준다면 머리와 목뼈는 보호할 수 있을 것이다. 어떻게 하면 쿠션 같은 것을 이 짧은 시간에 넣을 수 있을까? 이런 의문에서 에어백이 만들어지게 된 것이다.

 그럼 이번 사건도 충격력과 관계가 있습니까?

 물론입니다. 5층 높이에서 떨어지면 사람은 충격력을 크게
받아 크게 다치게 됩니다. 그런데 청소차에는 종이 상자나 헌
이불 등이 수북하게 쌓여 있잖아요. 거기에 뛰어내리면 종이
상자와 헌 이불의 모양이 변하면서 충돌에 걸리는 시간이 길
어지니까 충격력을 조금만 받게 됩니다.

 그렇군요. 판결을 내려 주십시오, 재판장님.

 간단하군요. 청소부 김슥삭 씨가 물리에 대한 지식이 있었다
면 좋았을 텐데, 안타깝습니다. 비단 김슥삭 씨뿐 아니라 충
격력이 속력하고만 관계가 있다고 생각하는 사람들이 많을
것입니다. 앞으로 다시는 이런 일이 일어나지 않도록 응급 상

황 발생시 행동 방침을 모든 교육 과정에 넣도록 정부에 건의
할 것입니다. 또한 응급 상황에서 청소차를 구조차로 쓸 수
있는 여러 가지 방안을 검토해 청소 관련 부서에 건의하도록
하겠습니다.

총알보다 강한 사랑

회전 속력이 떨어지면 충격력도 줄어들까요?

과학공화국 북쪽 국경 지역은 맞닿아 있는 아무리커공화국의 잦은 침범으로 전쟁이 빈번하게 일어나는 곳이었다.

이제 막 국경 지역 부대로 배치를 받은 강한걸 이병은 두고 온 여자 친구 오순정 양 생각에 뜬눈으로 밤을 지새우곤 했다. 그럴 때마다 강한걸 이병은 오순정 양이 보낸 편지를 읽고 또 읽었다.

'사랑하는 자기야, 안녕? 몸 건강히 잘 있는 거지?'

"응, 나는 잘 있어."

'난 자기가 보고 싶어서 어제도 울고 오늘도 울었어.'

"울지 마, 애기야. 네가 울면 내가 아파하는 거 잘 알면서……."

내무반에 앉아 이렇게 편지를 읽어 내려가며 혼잣말로 대답하는 강 이병을 이상하게 생각하는 사람은 이제 아무도 없었다. 물론 처음에는 대부분의 병사들이 토하는 시늉을 하며 놀려 댔지만, 강 이병은 그에 굴하지 않고 지금까지 꿋꿋이 그렇게 해 오고 있었다.

"이봐, 강 이병! 또 자네한테만 편지가 왔네."

강 이병의 지극한 사랑이 전해졌는지, 오순정 양도 날마다 편지를 써 보냈다. 편지를 받을 일이 별로 없었던 다른 병사들은 강 이병에게 편지가 올 때마다 부러워 어쩔 줄 몰라 했다.

하지만 최근 1주일 내내 하루에도 몇 번씩 공격해 오는 아무리커공화국 군대 때문에 강 이병은 답장을 쓰기는커녕 오는 편지를 제때 읽는 것도 벅찼다. 강 이병은 틈틈이 꺼내 읽으려는 생각으로 편지를 잘 접어서 군복 윗주머니에 넣어 두었다. 그 날 이후 강 이병의 주머니는 나날이 불룩해졌다.

어느 날 동료 병사들 가운데 한 명이 그에게 물었다.

"강 이병, 다른 주머니도 많은데, 왜 그 주머니에만 편지를 넣는 거야?"

강 이병이 편지를 넣은 주머니를 소중히 감싸며 대답했다.

"이 주머니가 제 심장하고 가장 가깝잖아요. 답장도 제대로 보내지 못하는데, 순정이에게 제 마음을 알리려면 꼭 여기에 보관해야 해요."

두 눈이 하트로 변한 강 이병은 기어이 또 동료 병사들을 닭살로 만들어 주었다.

얼른 전쟁이 끝나 하루빨리 사랑하는 여자 친구 곁으로 돌아가고 싶은 강 이병의 마음과는 달리 전쟁은 나날이 그 강도가 심해졌다. 한밤중에도 갑자기 폭발음이 들려와 모든 부대원들이 자다 말고 일어나 전쟁에 뛰어들기도 했다.

그 날도 그랬다. 주머니에서 편지를 꺼내 읽던 강 이병은 얼른 총을 챙겨 들고 다른 병사들을 따라나섰다.

"저놈들은 잠도 안 자나?"

"그러게, 이게 벌써 며칠째야? 난 사흘 동안 한숨도 못 잤다고."

"어서 전쟁이 끝나야 할 텐데……."

강 이병은 말끝을 흐리며 불룩한 주머니를 한 번 쳐다보았다. 바로 그 때였다.

탕! 타당!

어디선가 총 소리가 울렸고, 이어 강 이병의 주머니에서 종이 조각들이 흩어지며 그가 바닥에 쓰러졌다.

"강 이병, 강한걸 이병!"

강 이병이 총에 맞았던 것이다.

강 이병은 자기 이름을 어렴풋이 들으며 눈을 감았다. 하지만 이상하게도 전혀 아프지 않았다. 오히려 마음이 편안해지면서 졸음이 몰려왔다.

'미안해, 순정아. 나는 이렇게 죽는 운명……인가…….'

마지막까지 오순정 씨를 생각하며 강 이병은 정신을 잃었다.

그렇게 시간이 얼마나 지났을까. 문득 강 이병이 눈을 떴다. 주위가 온통 새하얀 곳이었다.

"여긴 천국인가요……?"

"병원입니다."

"네?!"

"천국이 아니라 병원이라고요."

무심한 간호사의 사무적인 말투에 강한걸 이병은 세차게 고개를 저으며 정신을 차리려 애썼다.

"어? 나 죽은 거 아니었어요? 가슴 쪽에, 분명히 심장 쪽에 총을 맞았는데."

간호사는 양 손을 허리에 얹고는 까칠하게 말했다.

"죽었으면 병실이 아니라 지하 장례식장에 있었겠죠? 강한걸 이병은 멀쩡하게 살아 있으니 걱정 마세요. 혹시라도 천국에 가 보고 싶었다면 안타깝네요."

간호사가 찬바람을 일으키며 병실 밖으로 나갔다.

조금 뒤 병사들이 헐레벌떡 뛰어들어왔다.

"강 이병! 인마, 넌 기적이래!"

"네?"

"총을 심장에 정통으로 맞았는데……."

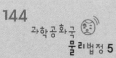

"다친 곳은 거의 없고 가벼운 외상뿐이래."

그의 동료들이 코를 훌쩍여 가며 한 토막씩 들려준 이야기는 이랬다. 강 이병은 총을 맞고 곧바로 병원으로 실려 왔다. 강 이병의 상태를 살펴본 의사는 기적이라며 크게 다친 곳은 없고, 그저 밤새 도록 편지를 읽어서 수면 부족으로 기절한 것뿐이라고 했다. 그렇게 한숨 푹 자고 일어났던 것이다.

고참 김강한 씨가 말했다.

"이렇게 특이한 경우는 처음 본다고, 의학계에서 너를 물리법정에서 만나 봤음 하더라. 아무튼 몸이 완전히 나을 때까지 휴가를 줄 테니 여자 친구에게 고마워하라고."

강 이병은 눈물을 글썽이며 오순정 씨를 생각했다.

"순정아……!"

충돌 후 두 물체가 하나가 되는 충돌을
'완전 비탄성 충돌' 이라고 합니다.

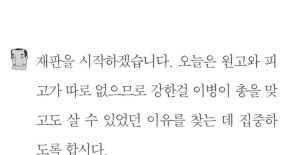

강한걸 이병은 어떻게 총을 맞고도 죽지 않았을까요?
물리법정에서 알아봅시다.

재판을 시작하겠습니다. 오늘은 원고와 피고가 따로 없으므로 강한걸 이병이 총을 맞고도 살 수 있었던 이유를 찾는 데 집중하도록 합시다.

강 이병이 특이 체질 아닐까요? 그러지 않고서야 어떻게 총을 맞고도 안 죽어요? 강 이병이 슈퍼맨이나 원더우먼도 아니고…….

이의 있습니다. 지금 물치 변호사는 강 이병을 여자에 비유하고 있습니다. 이건 어디까지나 생물학적인 성전환 희롱에 해당합니다.

인정합니다. 물치 변호사는 사과하세요.

죄송합니다. 원더우먼이 남잔 줄 알았어요.

우먼은 여자예요.

그런가요? 처음 알았습니다.

어이구, 못살아…… 피즈 변호사, 의견 말하세요.

지난번 청소차 사건과 마찬가지로 충격력과 관련이 있는 사건입니다.

🗿 무슨 말인가요? 이번에도 충돌이란 말이에요? 그건 아닌 거 같은데…….

👤 충돌 맞습니다. 총알에 맞는 것도 충돌이에요. 보통은 총알이 빠르기 때문에 사람 몸 속에 파고들어 장기를 파괴하고서 멈추지요. 이런 충돌을 '비탄성 충돌' 이라고 부릅니다.

🗿 비탄성 충돌? 좀 쉽게 설명해 봐요.

👤 충돌 후 두 물체가 하나가 되는 충돌입니다. 축구공에 진흙을 던지면 진흙이 축구공에 달라붙어 함께 움직이잖아요? 이게 비탄성 충돌의 예입니다.

🗿 하지만 이번에는 강 이병의 몸에 총알이 박히지 않았잖아요?

👤 바로 그겁니다. 강 이병이 총알을 맞은 지점에는 애인의 사랑이 가득 담긴 편지가 두툼하게 들어 있었으니까요.

 종이가 총알을 막는단 말입니까?

 종이도 모여서 두꺼워지면 그럴 수 있
지요. 아주 오래 전, 조선이라는 나라에
서는 종이를 여러 장 겹쳐 활을 막는 방
패로 사용했다고 합니다.

 허허…… 사랑이 목숨을 구했군요. 나
도 그런 사랑 한번 해 보고 싶습니다.
에헴, 아무튼 오늘 이야기는 감동 그 자
체였습니다. 이상 마치겠습니다. 아참,
강 이병! 목숨을 구한 아름다운 사랑,
꼭 행복하게 결실을 맺도록 하세요.

방탄조끼

특수 합금으로 된 얇은 강철판을
천으로 싸고, 그 사이에 솜 같은
것을 넣어 조끼 모양으로 만든
것이다. 원래는 경찰관이 권총을
쏘아 대는 흉악범을 체포할 때
사용할 목적으로 만들었다. 따라
서 총알을 막는 능력의 기준은
약 5미터 거리에서 발사된 보통
총탄을 관통시키지 않는 것이다.
오늘날에는 제1선 전투 부대원
이 소총 사격을 할 때 방호용으
로 주로 입으며, 방탄 능력도 합
금 기술의 발달에 따라 더욱 좋
아졌다.

충격은 주고받는 것

공 받는 손을 뒤로 빼서 충돌에 걸리는 시간을 늘리면
충격을 줄일 수 있을까요?

야구광 씨는 이번 주말도 어김없이 친구와 야구장
을 찾았다.

"오늘따라 왜 이렇게 사람이 많은 거야? 공짜 경
기라서 그런가? 가만 보자…… 어디 앉을까?"

"신의 손 박찬후가 나온다니까 사람들이 엄청나게 온 거야. 음,
저 쪽에 자리 있다. 가자~ 렛츠 고!"

"아니야. 오늘은 왠지 1루석이 땡기는걸. 1루석으로 가자."

1루 쪽은 이미 관중들이 잔뜩 몰려 있었다. 야구광 씨는 그 틈을
헤집고 발걸음을 재촉했다. 야구광 씨의 배는 남산만큼 불룩 튀어

나왔고, 입에는 오징어 다리가 물려 있었고, 양손에는 콜라와 핫도그가 들려 있었다.

"야구광~ 넌 먹으러 오는 거냐? 야구 보러 오는 거냐?"

"먹으면서 야구 보러 온다, 왜? 푸하하하~!"

야구광 씨는 비좁은 틈에 엄청난 엉덩이를 들이밀고는 몇 번 씰룩거려 자리를 만들었다.

친구 김도덕 씨가 팔을 붙들고 말했다.

"여기 누가 자리 잡아 놓은 것 같은데…… 다른 데로 가자!"

"그런 게 어딨어? 먼저 앉는 게 임자라고! 그리고 내가 자리도 넓혔잖아. 얼른 앉아!"

그 때 대학생으로 보이는 연인이 야구광 씨를 쳐다보며 말했다.

"저, 죄송한데 여기 자리 있는데요."

"예~ 죄송합니다. 빈 자리인줄 알고…… 그것 봐. 자리 있다잖아. 저 쪽으로 가자."

김도덕 씨가 잡아끌었지만, 야구광 씨는 못 들은 체 전광판을 바라보며 딴청을 부리다 큰 소리로 이렇게 말했다.

"먼저 와서 앉으면 그만이지. 늦게 와서는, 쳇! 자리에 이름이라도 써 놨나?"

"거기 가방 있잖아요. 저희가 아까 자리 맡아 놓고 잠시 화장실 갔다 온 건데……."

"한 번 일어났으면 끝이지~."

"정말 이상한 아저씨야. 딴 데 가서 보자."

김도덕 씨는 얼굴을 붉히며 젊은 연인에게 꾸벅 인사를 했다.

"야구광~ 사람들이 다 쳐다보잖아. 다른 데 앉으면 되지, 꼭 여기 앉아야겠냐. 내가 너 땜에 창피해서 못살겠다."

야구 경기가 시작되기 직전 축하 공연이 펼쳐졌다.

"이야~, 저기 그 유명한 가수 마이콜 아니야? 야, 정말 노래 하나는 기막히게 잘 한다. 박찬후 선수가 나온다니까 저런 인기 가수도 다 오고…… 어라? 영화배우 백중훈 씨 아냐? 연예인들도 많이 왔나 보네."

"빨리 경기나 시작하지 축하공연은 무슨~."

야구광 씨는 오징어를 씹으며 각오를 다졌다.

"오늘 박찬후 선수가 친 공은 반드시 내가 잡고 말겠어. 마이 보올~~~!"

"마이 볼은 무슨…… 공 잡기가 그렇게 쉬운 줄 아냐? 포기해라. 포기해!"

"사실은 말이야. 비밀인데…… 아니야! 호호호~."

"뭐야? 사람 궁금하게 왜 말을 하다가 말아? 어서 말해 봐, 응?"

"어젯밤에 내가 꿀꿀이 돼지꿈을 꿨거든. 돼지들이 우리 집 마당에서 야구를 하는 거야. 그중에 제일 큰 돼지 한 마리가 공을 쳤는데, 그 공이 나한테 날아오는 거 있지, 호호호. 그래서 그 공을 덥석 잡았지. 틀림없이 오늘 내가 공을 잡는다는 길몽이야. 두고 보라고. 두 개 잡으면 너 하나 줄게, 호호호."

"꿈보다 해몽이 좋네. 아예 열 개쯤 잡지 그러냐?"

그러나 웬일인지 경기가 시작된 지 한참이 지났는데도 홈런은 나오지 않았다.

"에잇! 저걸 왜 못 치는 거야? 내가 해도 저거보다는 낫겠네. 박찬후 선수도 안 나오는데 화장실이나 갔다 와야겠다."

야구광 씨가 자리에서 일어나 몸을 돌렸다. 순간 함성이 터지더니 공이 1루 쪽 관중석으로 날아왔다.

"이런! 아깝다, 아까워!"

공을 받은 행운의 볼보이는 야구광 씨와 실랑이를 벌였던 연인이었다.

"화장실도 못 가겠네."

야구광 씨는 자리로 돌아와 앉았다.

"화장실 간다고 나가지만 않았어도 저 공은 내 거였는데…… 우이씨~!"

"그러게. 아까 자리 비켜 줬으면 좋았잖아."

김도덕 씨는 야구광 씨에게 핀잔을 주었다. 야구광 씨의 얼굴이 붉으락푸르락 변했다.

"흥, 그까짓 거, 난 박찬후 선수 공만 잡으면 된다고! 반드시 잡고 말 거야!"

경기는 계속되었다. 드디어 유명한 박찬후 선수가 타자석에 섰다. 관중들이 열광하기 시작했다.

"우아~! 박찬후 선수다, 와~~!"

"홈런 하나만 부탁해요~ 꺄~!"

"박찬후 선수 공만 잡으면 정말 원이 없을 것 같아."

술렁이는 사람들 틈에 섞여 있는데도 야구광 씨 눈에는 공밖에 보이지 않았다. 어찌나 공을 노려보았는지 눈에서 불이라도 뿜어 나올 기세였다.

바로 그 순간, 박찬후 선수의 방망이에 공이 '딱' 소리를 내며 맞았다. 공은 1루 쪽으로 떠올랐다.

"마이 볼~!"

야구광 씨는 소리를 지르며 공 잡을 자세를 잡았다.

옆에 앉아 있던 사람들은 벌써 야구광 씨 엉덩이에 밀려났고, 야구광 씨 주변에 있던 사람들은 너도나도 공을 잡겠다고 손을 뻗었다.

"팍!"

무언가가 둔탁하게 부딪히는 소리가 들렸다. 그리고 곧 쥐 죽은 듯 조용해졌다.

5초쯤 지나고,

"으아악~~~!"

야구광 씨의 비명 소리가 야구장 가득 울려 퍼졌다. 공을 맨손으로 받아 낸 야구광 씨의 손은 어느새 빨갛게 달아오르더니 퉁퉁 붓기 시작했다.

야구광 씨는 자기 머리에서 김이 모락모락 피어나고 눈앞에 별이 아른거리는 느낌이었다. 이어서 이리저리 뛰어다니며 발을 동동 굴렀다.

"으악~ 내 손~!"

손을 부여잡고 울부짖던 야구광 씨는 자리에서 벌떡 일어나 관리실로 달려갔다. 그리고 야구장을 고소하겠다며 고래고래 소리를 질러 댔다.

날아오는 야구공의 충격력을 줄이려면 손을 최대한
뒤로 빼 충돌에 걸리는 시간을 늦추어야 합니다.

여기는 **물리법정**

야구광 씨는 왜 손을 심하게 다쳤을까요?
물리법정에서 알아봅시다.

 재판을 시작합니다. 먼저 원고 측 변론하

세요.

 야구장에서는 언제 어느 방향에서 야구공

이 날아올지 모릅니다. 게다가 야구공은 단단하기 때문에 사
람의 몸에 부딪치면 큰 충격을 줄 수 있습니다. 그러므로 야
구공이 파울 지역으로 날아갈 때는 그 주위에서 비상벨이 울
리도록 해서 사람들한테 준비할 시간을 준다든가, 뭐 그런 안
전 조치를 취했어야 합니다. 하지만 야구장 측은 그 어떤 조
치도 취하지 않았으므로 이번 사고에 대해 마땅히 책임을 져
야 한다고 생각합니다.

 그럼 피고 측 변론하세요.

 충돌응용연구소의 한충돌 박사님을 증인으로 요청합니다.

여기저기 멍든 자국이 보이는 30대 남자가 증인석으로
걸어 들어왔다.

 증인이 하시는 일은 뭐죠?

충돌과 관련된 여러 가지 응용 현상을 연구하고 있습니다.

 이번 사건도 충돌의 응용과 관련이 있나요?

 그런 셈입니다.

 왜죠?

 이번 사건에서 야구광 씨가 다친 이유는 큰 충격력을 받았기 때문입니다. 물론 그것은 야구공이 작용한 것이지요.

공기를 넣은 신발

걸을 때에는 발뒤꿈치부터 땅에 닿는다. 이때 뒤꿈치에 받는 충격은 뇌까지 전해지며, 관절염이 생길 수도 있다. 따라서 바닥에 공기를 넣은 신발을 신으면 신발이 충격을 흡수해 뇌에 전해지는 충격력을 줄일 수 있다.

 그건 이미 알고 있는데요.

 하지만 모르는 것이 있습니다. 이때 손을 뒤로 빼면서 천천히 야구공을 받으면 충돌에 걸리는 시간을 늦출 수 있어 손이 받는 충격력을 줄일 수 있습니다. 하지만 사고 당시 비디오를 보면 오히려 공이 오는 방향으로 손을 뻗으면서 받았기 때문에 충돌에 걸리는 시간이 짧아져서 더 크게 다친 것입니다. 보통, 권투 선수들은 상대방의 주먹이 날아오면 몸을 뒤로 빼 충돌에 걸리는 시간을 길게 만들어서 충격을 줄입니다. 그러므로 이번 사고에 대해 야구장뿐 아니라 야구광 씨도 책임이 있다고 생각합니다.

 그렇군요. 재판장님, 판결해 주시기 바랍니다.

 양측 의견 잘 들었습니다. 야구장은 위험한 곳입니다. 그러므

로 아이나 임산부, 노약자를 동반한 사람은 야구공이 움직이는 방향을 잘 지켜보고 있어야 합니다. 또한 맨손으로 야구공을 받으면 그 어떤 경우라도 손에 큰 충격을 입을 수 있습니다. 그러므로 야구장은 앞으로 관중석에 관중용 야구 글러브를 비치해 두고 공이 날아오면 손을 뒤로 빼면서 받으라는 경고를 적어 두기 바랍니다. 이상 재판을 마칩니다.

과학성적 끌어올리기

움직이는 물체의 관성

질량이 30킬로그램인 미나 양과 질량이 60킬로그램인 태호 군에게 인라인스케이트를 신기고 똑같은 힘으로 두 사람을 밀었다고 합시다. 미나 양은 잘 움직이는데, 태호 군은 잘 안 움직이지요? 그건 태호 군의 질량이 크기 때문입니다. 질량이 크면 관성이 크니까 운동 상태를 변화시키기 어렵답니다. 이렇게 정지해 있는 물체의 관성은 질량과 관계가 있습니다.

그렇다면 움직이고 있는 물체의 관성은 무엇과 관계가 있을까요? 정지해 있는 물체를 움직이게 하기 어려운 정도를 '정지해 있는 물체의 관성'이라고 한다면 움직이고 있는 물체를 멈추게 하기 어려운 정도는 '움직이는 물체의 관성'이라고 말할 수 있습니다.

몸집이 작은 미나 양에게 아주 빠르게 뛰어오라고 하고 진우 군에게 달리는 미나 양을 멈추게 하라고 하면 진우 군은 미나 양을 멈추게 하려다 부딪쳐 넘어질 수 있습니다. 하지만 몸집이 큰 태호 군이라고 해도 천천히 걸어오고 있다면 진우 군은 쉽게 태호 군을 멈추게 할 수 있습니다.

태호 군이 미나 양보다 무거운데 왜 태호 군은 멈추게 하기 쉽고 미나 양은 어려운가요? 미나 양이 빠르기 때문입니다. 움직이고

있는 물체의 관성은 질량뿐 아니라 속도도 고려해야 합니다.

태호 군이 초속 1미터(1m/s)의 속도로 걸어오는 경우와 태호 군이 초속 10미터(10m/s)의 속도로 달려오는 경우 중 언제 태호 군을 멈추게 하기 어려울까요? 당연히 초속 10미터의 속도로 달려올 때입니다. 그러니까 아래와 같이 정의할 수 있습니다.

● 질량이 같을 때에는 속도가 클수록 물체를 멈추게 하기 어렵다.

이번에는 미나 양과 태호 군이 같은 속도로 달려온다고 해 봅시다. 누구를 멈추게 하기 어려울까요? 물론 태호 군입니다. 그러니까 아래와 같이 정의할 수 있습니다.

● **속도가 같을 때에는 질량이 클수록 물체를 멈추게 하기 어렵다.**

움직이는 물체를 멈추게 한다는 것은 물체의 운동 상태를 변화시키는 일입니다. 그런데 물체의 질량이 클수록, 그리고 속도가 빠를수록 운동 상태를 변화시키기가 어렵습니다. 그러므로 운동하고 있는 물체가 운동 상태를 그대로 유지하고 싶어하는 성질을 '관성'이라고 하면 관성은 질량과 속도가 클수록 커지게 되지요. 따라서 (질량)×(속도)가 운동하는 물체의 관성이 되는데, 이것을 '물체의 운동량'이라고 부릅니다. 이때 속도는 방향이 있으므로 운동량도 방향을 따져 주어야 합니다.

충격력

당구공을 치면 공은 당구대 위에서 움직입니다. 정지해 있던 공이 움직인 이유는 내가 큐(당구에서, 공을 치는 막대기)로 쳤기 때문입니다. 다시 말해 큐로 때린 힘이 공에 작용해 공의 속도가 변한 것입니다. 이때 공에 힘이 작용한 시간은 큐가 공에 붙어 있는 순간이므로 아주 짧습니다. 이렇게 짧은 시간 동안 작용하는 힘을 '충격력'이라고 부릅니다.

힘을 받은 공은 (충격력)＝(질량)×(가속도)의 식을 만족시킵니다. 여기서 가속도는 속도 변화를 시간으로 나눈 값입니다. 그러므로 아래와 같지요.

$$(충격력)=\frac{(질량)\times(속도의\ 변화)}{(시간)}$$

질량과 속도의 곱이 운동량이므로, 질량과 속도의 변화의 곱은 운동량의 변화입니다.

$$(충격력)=\frac{(운동량의\ 변화)}{(시간)}$$

이 식을 아래와 같이 쓸 수도 있습니다.

$$(충격력)\times(시간)=(운동량의\ 변화)$$

그러니까 물체에 짧은 시간 동안 충격력이 작용하면 물체의 운동량이 변하게 됩니다. 예를 들어 정지해 있던 질량이 2킬로그램인 물체에 100N의 힘을 0.1초 동안 작용하면 물체의 속도는 얼마가 될까요?

(충격력)×(시간)=(운동량의 변화)이므로 $100 \times 0.1 = 2 \times$ (새로운 속도)-2×0이 되므로 새로운 속도는 초속 5미터(5m/s)가 됩니다. 물론 더 큰 충격력을 작용하면 새로운 속도는 더 커질 수 있습니다.

반대로 운동량의 변화가 충격력을 만들어 낼 수 있는지 알아볼까요? 예를 들어 질량이 1킬로그램인 야구공이 초속 10미터(10m/s)의 속도로 벽을 향해 날아가서 벽과 부딪친 다음 반대 방향으로 초속 5미터(5m/s)의 속도로 튀었다고 합시다. 이때 야구공의 운동량의 변화는 얼마일까요? 오른쪽으로 움직이는 속도를 +라고 하면 충돌 전과 후의 운동량은 아래와 같습니다.

(충돌 전 운동량) $= 1 \times 10 = 10$kg m/s

(충돌 후 운동량) $= 1 \times (-5) = -5$kg m/s

그러므로 운동량의 변화는 아래와 같습니다.

(운동량의 변화량) = (-5) - (+10) = -15kg m/s

무엇이 야구공의 운동량을 변하게 했을까요? 그것은 야구공이 벽과 접촉해 있는 동안 벽이 야구공에 작용한 충격력과 힘이 작용한 시간과의 곱입니다. 벽과 야구공이 접촉한 시간이 0.1초라면, (충격력) × (시간) = (운동량의 변화량)이므로 (충격력) × 0.1 = -15가 되어 충격력은 -150N이 됨을 알 수 있습니다. 여기서 (-) 부호는 힘이 왼쪽으로 작용한다는 뜻입니다.

그런데 작용, 반작용의 원리에 따르면 공도 벽에 크기는 같고 방향은 반대인 힘을 작용합니다. 즉 야구공이 벽에 작용한 충격력은 150N입니다. 예를 들어 야구공에 맞은 유리창이 깨지는 것은 야구공이 유리창에 작용한 충격력 때문입니다.

이렇듯 두 물체의 충돌 과정에서는 서로가 서로에게 크기는 같고 방향은 반대인 충격력을 작용합니다. 투수가 던진 야구공을 방망이로 때리는 경우는 야구공과 방망이의 충돌 문제입니다. 이때 야구공이나 방망이나 같은 크기의 충격력을 받게 되지요. 그러므로 아주 짧은 시간 동안 큰 충격력을 받은 야구공의 모양은 납작하게 변합니다.

물론 이렇게 큰 충격력을 받아 야구공의 모양이 변해 있는 시간은 아주 짧아 약 1000분의 몇 초일 뿐입니다.

충격력의 공식을 다시 살펴봅시다.

$$(충격력) = \frac{(운동량의 \ 변화)}{(시간)}$$

이 식을 자세히 들여다보면 운동량의 변화가 클수록, 그리고 시간이 짧을수록 충격력이 크다는 것을 알 수 있습니다.

조그만 사기 구슬을 콘크리트 바닥에 떨어뜨리면 어떻게 될까요? 구슬이 깨지겠죠? 사기 구슬이 박살난 것은 큰 충격력을 받았기 때문입니다. 이것은 사기 구슬과 단단한 콘크리트 바닥이 충돌한 시간이 아주 짧기 때문이지요.

그럼 사기 구슬을 솜 위에 떨어뜨리면 어떻게 될까요? 사기 구슬이 깨지지 않습니다. 이것은 사기 구슬이 약한 충격력을 받았기 때문입니다. 똑같은 높이에서 떨어졌는데 왜 충격력이 달라졌을까

요? 그것은 솜에 떨어질 때에는 솜과 충돌에 걸리는 시간이 길어
지기 때문입니다.

차를 타고 달리다가 브레이크가 고장났을 때 단단한 벽과 부딪
치면 큰 충격력을 받지만 모래나 건초더미에 부딪친다면 차의 운
동량의 변화량은 같지만 힘이 작용하는 시간이 길어져서 차에 작
용하는 충격력이 작아지는 원리와 같습니다.

높은 곳에서 떨어질 때 발, 무릎, 엉덩이, 배를 차례로 구부려 충
돌 시간을 길게 하면 충격력을 적게 받을 수 있지요. 반대로 태권
도 선수가 기왓장을 깰 때 기왓장과 손이 접촉하는 시간을 짧게 하
면 큰 충격력으로 기왓장을 격파할 수 있습니다.

탄성력에 관한 사건

자동차가 너무 덜컹거리잖아요!

용수철은 정말 자동차의 충격을 흡수할까요?

여름 방학을 맞아 인돌이네 가족은 원시국으로 여행을 떠나기로 했다. 비행기를 타고 스무 시간 정도 하늘을 날아 원시국에 도착했다.

"와! 저기 코끼리 떼가 지나간다!"

인돌이는 신이 나서 소리쳤다. 인돌이 동생 인순이는 코끼리 떼가 무서웠는지 울음을 터뜨렸다.

"아빠~ 코끼리 무서워~ 앙~~~!"

"먼저 숙소로 가서 짐 좀 풀고, 맛있는 거 먹으러 가자."

인돌이 가족은 숙소로 가려고 버스를 기다렸다. 그러나 30분, 한 시간이 지나도 버스는 오지 않았다. 인돌이 아빠는 지나가던 사람에게 물었다.

"버스가 너무 안 와서 그러는데, 원시호텔에 가는 길 좀 알려 주시겠습니까?"

"거긴 걸어서 못 가요. 차를 타고 가야 하는데, 이곳 교통이 무척 불편해서 차라리 차를 한 대 빌리든지 하는 게 나을 거예요."

인돌이네 가족은 하는 수 없이 근처 렌터카 회사로 향했다. 사무실은 허름하고 간판은 흙먼지를 뽀얗게 뒤집어쓰고 있어서 '렌터'라는 글씨도 간신히 알아볼 수 있었다.

"저기요~!"

의자에 앉아 꾸벅꾸벅 졸고 있던 여직원이 인기척에 놀라 벌떡 일어났다.

"무엇을 도와 드릴까요? 음냐~!"

직원은 하품을 하고 기지개를 켜며 말했다.

"우리 가족 네 명이 탈 차를 빌리려고 하는데요. 튼튼하고 성능 좋은 걸로 추천해 주세요. 특히 여기 도로가 대부분 비포장인 것 같던데……."

"우리 차들은 다 좋아요. 비포장도로에서 타기에는 딱이죠, 음……."

직원은 컴퓨터로 이것저것을 찾다가,

"아! 이게 딱이네요. 저를 따라오세요."

인돌이네 가족은 직원이 안내하는 곳으로 따라갔다. 차고에는 노란색 승용차가 한 대 주차되어 있었다.

"이래 봬도 이게 성능 하나는 끝내 준다니까요!"

"차가 너무 낡아 보이는데…… 다른 차는 없습니까?"

"없어요! 참고로 다른 렌터카 회사는 여기서 족히 한 시간은 걸어가셔야 해요. 그냥 참고하시라고 알려 드리는 거예요. 차가 정말에 안 드시면 한 시간이 아니라 두 시간이라도 걸어가셔서 다른 걸로 찾아보셔야죠 뭐……."

옆에서 듣고 섰던 인돌이가 배고프다며 떼를 쓰기 시작했다.

"아빠~ 배고파~ 얼른 가요!"

옆에 있던 인순이도 덩달아 칭얼댔다.

"아빠~ 나 다리 아파! 엉엉~."

인돌이 엄마는 고개를 끄덕이며 이렇게 말했다.

"그래요, 여보. 그냥 아쉬운 대로 이거라도 어서 빌려요. 조금 있으면 날도 어두워지겠어요. 비행기를 오래 탔더니 굉장히 피곤하네……."

"그럼 이걸로 하죠. 근데 정말 안전합니까?"

"당근이죠!"

직원은 말을 끝내기 무섭게 돌아서서 사무실로 걸어갔다.

"어서 오세요. 계약서 쓰셔야죠!"

인돌이 아빠는 렌트 가격을 듣고 놀라지 않을 수가 없었다.

"엥? 저 고물 차를 빌리는 데 하루에 50만 달란이라니! 이거 너무 비싼 거 아닙니까? 조금만 깎아 주세요."

"원래 이곳은 렌트비가 비싸요! 싫으면 관두시든지……."

"이거 완전 바가지네, 바가지!"

인돌이 아빠는 자리에서 벌떡 일어났다. 그러나 옆에서 인돌이와 인순이가 눈을 반짝이며 아빠를 쳐다보았다.

"아~빠~~~."

"에잇! 어쩔 수 없네."

계약을 하고 차 열쇠를 건네받은 인돌이 아빠는 운전을 했다. 인돌이와 인순이는 차에 타자마자 곯아떨어졌다. 자동차는 '덜컹덜컹' 요란한 소리를 내며 굴러갔다.

'에이, 아무래도 속은 것 같아. 이런 똥차가 무슨…….'

호텔에 도착한 인돌이 가족은 저녁을 먹고는 곧장 잠이 들었다.

다음 날 아침, 인돌이네 가족은 일찍 일어나 차에 올랐다.

"오늘은 비싼 똥차 타고 제대로 관광 좀 하자꾸나!"

"만세~! 아빠 최고!"

부르르릉~.

이곳저곳 한참을 달리던 차는 점점 더 요란한 소리를 내기 시작했다. 게다가 워낙 울퉁불퉁한 비포장도로라 차가 엄청나게 덜컹거렸는데, 그때마다 차 안에서는 한바탕 소동이 벌어졌다.

"당신 운전 좀 잘할 수 없어요? 너무 덜컹거린다고요!"

"내 운전 실력이 얼마나 좋은데, 이 차가 고물이라서 그래. 그리고 여기 길들은 왜 다 이 모양이지? 전혀 정비를 하지 않았나 봐."

인돌이와 인순이는 천장에 머리를 찧고, 이리저리 왔다 갔다 정신이 없었다.

"아얏! 아빠, 머리 아파!"

"난 요기 멍들었어! 앙~ 나 집에 갈래. 엉엉~!"

"여보, 나도 더는 못 참겠어. 우리, 호텔로 돌아가요."

도저히 여행을 계속할 수가 없었던 인돌이네 가족은 일단 숙소로 돌아가기로 했다. 네 사람 모두 성한 곳이 없었다. 심지어 머리가 지끈거리고 속이 울렁거리는 증세에 시달리기까지 했다.

화가 난 인돌이 아빠는 차를 몰고 렌터카 회사로 달려가 고소하겠다고 소리를 질렀다.

"이봐요. 차를 가지고 장사를 하려면 제대로 된 걸 갖다 놔야지. 어디서 고물차를…… 렌트비는 터무니없이 비싸게 받고……, 당신들이 빌려 준 차를 타고 달리다가 어찌나 덜컹거리던지 우리 가족이 안 다친 데가 없다고. 우리 아이들은 멍투성이에 아내는 구토 증세까지 보인다 말야! 당장 렌트비 환불해 주쇼! 그리고 육체적, 정신적 피해도 보상해 주쇼! 안 그러면 당신들 고소할 거야! 알았어?"

그러나 렌터카 회사에서는 오히려 더 화를 냈다.

"이 나라 도로가 비포장이라서 울퉁불퉁한 게 잘못이지, 우리 차가 무슨 죄요? 그리고 그 쪽도 이 나라가 비포장도로라는 거 알았던 거 아니요, 엉? 덜컹거림은 어느 정도 감수했어야지, 안 그래? 오히려 그쪽이 길이 안 좋은 곳으로 차를 무리하게 끌고 다녀서 우리 차가 더 망가졌을 텐데, 어디 와서 큰 소리야, 큰 소리가! 그 쪽이야말로 우리 차 수리비 물어내요!"

결국 인돌이 아빠는 물리법정에 렌터카 회사를 고소했다.

자동차 타이어만으로 충격을 모두 흡수할 수는 없습니다.
따라서 타이어와 차체 사이에 모양이 잘 변하는
용수철을 넣어 충격 흡수를 돕는 것입니다.

자동차는 왜 덜컹거릴까요?
물리법정에서 알아봅시다.

 재판을 시작하겠습니다. 피고 측 변론하세요.

 차를 억지로 렌트하라고 한 것도 아니고, 본인이 결정해서 빌려 놓고선 이제 와서 보상하라니 억지를 부려도 너무 부리는 거 아닙니까? 게다가 도로 사정이 그런 것이 피고 측 잘못도 아닐 텐데요. 도리어 차를 빌려 주고도 고소를 당한 피고 측이 보상을 받아야 합니다. 운전자의 운전 실력이 형편 없는 건 아닌지 의심됩니다.

 원고 측 변론하세요.

 이번 사건은 차를 빌릴 때부터 문제가 많았습니다. 주위에 다른 렌터카 회사가 없다는 걸 이용해 형편없는 차를 빌려 주었다는 점도 문제지만, 공식적인 기준 가격이 있음에도 바가지를 씌웠다는 점은 엄연히 불법이며 처벌 대상이 됩니다. 여행이 불가능할 정도로 차 상태가 좋지 않았다면 도로가 울퉁불퉁한 점을 감안해 미리 덜컹거림을 줄일 수 있는 방법을 찾아 조치를 취했어야 합니다. 재판장님, 자동차물리학을 전공한 전자동 카센터의 정비왕 씨를 증인으로 모셔서 더 자세한 설

6장_탄성력에 관한 사건 **177**

명을 들어도 될까요?

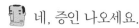 네, 증인 나오세요.

터질 듯한 팔뚝을 드러내고 성큼성큼 다가오는 30대 남자는 언뜻 보아도 카리스마가 짙게 느껴졌다. 그가 증인석에 앉자 피즈 변호사가 부러운 듯 말을 건넸다.

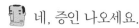 몸이 상당히 좋으십니다.

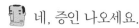 감사합니다. 정비 일을 오래 하다 보니 자연스럽게 이렇게 되더군요.

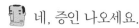 자동차 정비도 직접 하시는군요.

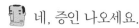 네, 정비 일을 하면서 그 일에 자부심을 느끼고 자동차물리학을 공부했습니다.

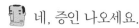 자동차가 덜컹거리는 이유는 무엇입니까?

 제가 그 자동차를 조사해 본 결과, 자동차에 꼭 있어야 할 것이 빠졌습니다.

 그게 뭐죠?

 용수철입니다.

 자동차에 웬 용수철이 필요하죠?

 자동차에는 바퀴와 차체 사이에 용수철이 있어야 합니다. 이 용수철은 판 모양으로 생겨 '판용수철'이라고 부르지요.

 그 용수철이 어떤 역할을 하죠?

 충격을 흡수해 줍니다.

 그건 타이어가 하지 않습니까?

 물론 1차적으로는 타이어가 하지요. 비
포장도로에서 돌멩이를 밟으면 타이어
의 모양이 변하면서 충격에 걸리는 시
간이 길어져 충격을 적게 받게 됩니다.
다시 말해 타이어가 충격을 흡수한다는
것이지요.

자동차의 용수철

승용차에는 코일 스프링을 주로
쓰고, 화물차에는 판스프링, 그리
고 버스에는 에어 스프링을 주로
장착한다. 자동차용 스프링은 충
격을 흡수해 승차감을 높여 주
고, 바퀴가 노면에 닿을 때 안정
성과 회전 능력을 높이는 데에도
도움이 된다. 자동차에 사용하는
코일 스프링은 둥근 스프링을 코
일 모양으로 만든 것으로, 승용
차에 주로 사용한다. 단위무게당
충격 흡수율이 크다는 것이 특징
이다.

 그런데요?

 하지만 너무 큰 돌멩이를 밟는다거나

하면 타이어만으로는 충격을 모두 흡수할 수 없습니다. 그래
서 타이어와 차체 사이에 용수철을 넣어 용수철 모양이 변하
면서 또 한 번 충격을 흡수해 차 안에 타고 있는 사람이 크게
흔들리지 않게 해 주지요.

 그 차에 용수철이 없어서 그렇다는 말씀이로군요.

 그렇습니다. 용수철이 있었다면 이 지경까지 되지는 않았을
것입니다.

 말씀 감사합니다. 여행이 불가능한 차를 빌려 주고도 잘못을
인정하기는커녕 무책임한 태도를 보인 렌터카 회사에게 치료
비와 정신적 피해 보상 등 손해 배상을 청구하는 바입니다.

고객의 안전을 간과한 회사는 곧바로 자동차 수리를 실시할 의무가 있으며, 원고에게 부당하게 받은 이익금을 되돌려주고 원고의 피해에 대해 배상해야 할 것입니다. 또한 이번 사건을 계기로 자동차와 관련된 일을 하는 사람이 운동학이나 물리학적 지식을 습득한 경우 자격증을 발급해 전문인임을 보장하는 방침을 검토하도록 하겠습니다.

볼링공이 더 높이
튀어오르는 이유

공의 크기와 밀도 등에 따라 튀어오르는 정도가 왜 달라질까요?

사건속으로

'퀴즈의 달인'을 꿈꾸던 왕똑똑 씨. 그는 명문대 법
대를 나와 지금은 백수 생활을 하고 있는 중년 아
저씨다. 자칭 만능 해결사로, 모든 일에 참견하며
온갖 아는 체와 잘난 체를 즐기는 것이 취미이다. 오늘도 어김없이
텔레비전 앞에서 퀴즈 프로그램을 시청하던 왕똑똑 씨는 너스레를
떨며 말했다.

"저걸 못 맞히나~! 으이그~ 답답하네, 답답해!"

옆에 앉아 있던 부인 이미순 씨는 한심한 듯 남편을 바라보며,

"참나, 저기 본선에 오르기가 얼마나 어려운데…… 긴장하면 생

각이 안 나서 틀릴 수도 있지. 그러는 당신은 아마 예선에서 탈락할걸, 흥!"

"뭐라고? 이 사람이 날 어떻게 보고~! 내가 저기 나가기만 하면 퀴즈의 달인은 따 놓은 당상이라고, 이거 왜 이러셔? 쳇!"

"그럼 어디 한번 나가 보슈! 말로는 나도 달인이지~."

왕뚝뚝 씨는 빈정거리는 아내의 말이 귀에 거슬려 텔레비전에 시선을 고정했다. 그때 방송 자막이 나왔다.

'저희 프로그램의 예선전에 참여하실 분은……'

"그래! 한번 나가 보는 거야!"

"뭐라고요? 당신이 저기 나간다고? 에이, 관두셔~. 괜히 망신만 당하지 말고 집에서 시청이나 하고 있으셔~."

"이 사람이 정말! 내가 한다면 한다니까! 어디 두고 보라고."

그 날 이후, 왕뚝뚝 씨는 신문이며 인터넷, 책 등을 두루 보면서 얕지만 넓은 지식을 쌓아 나갔다.

예선전을 치르러 그가 현관문을 나섰다.

"당신 정말 나가는 거야? 아무튼 이왕 나가는 거 잘해 봐요~!"

왕뚝뚝 씨는 각오를 다진 듯 입 꼭 다물고 두 주먹 불끈 쥐고 걸어갔다. 방송국 공개홀에는 사람들이 꽤 많이 모여 있었다. 접수를 하고 시험지를 받아 든 뚝뚝 씨는 거침없이 문제를 풀어 나갔다.

그리고 다음 날, '따르르릉~' 방송국 피디에게 전화가 왔다.

"여보세요. 거기 왕뚝뚝 씨 댁 맞나요?"

"예, 제가 아내 되는 사람인데요. 무슨 일이시죠?"

"왕똑똑 씨께서 어제 저희 프로그램의 예선을 치르셨는데, 1등으로 합격하셨습니다. 축하드립니다. 주말에 저희 프로그램 녹화가 있어서요. 말씀 좀 전해 주시겠어요?"

"정말요? 왕, 똑, 똑, 씨가 맞아요, 합격……? 어머, 어머~ 세상에 이런 일이……! 감사합니다. 수고하세요."

이미순 씨는 안방 침대에 누워 낮잠을 자고 있던 왕똑똑 씨를 흔들어 깨웠다.

"여보~ 당신 합격했대! 이게 웬일이야? 세상에……."

"으흠, 당연하지. 난 합격할 줄 알았다니까. 뭐 별것도 아닌 걸 가지고 수선을 피우고 그래……."

왕똑똑 씨는 짐짓 별일 아니라는 듯 말하고는 화장실로 들어갔다.

"야호! 내가 드디어 본선에 나가는구나! 흐흐흐, 아자! 아자!"

그러곤 또 아무 일 없었던 것처럼 나와 방 안에서 어슬렁거렸다.

왕똑똑 씨는 본선을 겨냥하고 다시금 공부에 박차를 가하기 시작했다.

드디어 본선을 치르는 날.

부인 이미순 씨는 방송국에 들어서자 두리번거리며 말했다.

"아이고~ 내가 당신 덕에 방송국엘 다 와 보네. 진짜 세상 오래 살고 볼 일이야, 호호호!"

"좀 점잖게 있어. 창피하게 웬 호들갑이야."

녹화장에 들어서자 왕똑똑 씨도 긴장이 되기 시작했다.

"당신 긴장되지? 여기 청심환 좀 먹어. 당신을 위해 준비했지~! 센스 만점이지, 호호호."

"긴장은 무슨…… 하나도 긴장 안 되니까 당신이나 먹어!"

프로그램 진행자인 아나운서 조인구 씨가 무대에 올랐다. 이어서 예선을 통과한 네 명의 도전자가 각자 정해진 자리에 섰다.

왕똑똑 씨는 안쓰러울 정도로 식은땀을 줄줄 흘렸다. 진행자가 왕똑똑 씨에게 물었다.

"괜찮으십니까? 많이 긴장하신 것 같은데요."

"넵! 괜찮습니다!"

아주 큰 소리로 대답하자 다른 도전자들과 방청객들이 한바탕 웃어 댔다.

문제를 웬만큼 풀고 왕똑똑 씨와 다른 한 도전자만 남아 최후의 결승을 치르게 되었다.

"왕똑똑 씨, 지금 동점인데요, 이번 문제만 맞히시면 퀴즈의 달인이라는 영예를 얻게 됩니다. 많이 떨리실 텐데 지금 기분이 어떠십니까?"

"떠, 떨, 떨리지 않습니다."

"그럼 마지막 결승 문제 주세요!"

성우의 목소리가 흘러나왔다.

"다음 세 가지 공 가운데 트램펄린에 던졌을 때 가장 잘 튀어오르는 공은? 1번 볼링공, 2번 농구공, 3번 테니스공……."

"삐익~!"

문제가 채 끝나기도 전에 왕똑똑 씨가 부저를 눌렀다.

"네, 왕똑똑 씨~! 정답을 확신하시는 듯 보이는데요. 말씀하시죠~!"

"음, 정답은 당연히 1번 볼링공입니다. 아자!"

"1번 볼링공이라고 답하셨습니다. 그렇다면 다른 도전자이신 이천재 씨께서는 정답이 뭐라고 생각하십니까?"

"저는…… 3번 테니스공이라고 생각하는데요."

"네, 왕똑똑 씨와 이천재 씨가 다르게 대답하셨는데요. 과연 정답은 무엇일까요? 두 분 가운데 정답자가 있습니다. 아~ 긴장되는 순간입니다. 여러분, 오늘의 퀴즈의 달인은…… 이천재 씨입니다! 축하드립니다."

'펑~!'

무대 위로 축하 꽃가루가 쏟아지며 팡파르가 울려 퍼졌다.

"이천재 씨에게는 상금과 유럽 배낭 여행권, 그리고 퀴즈의 달인 등극을 증명하는 트로피를 드리겠습니다. 퀴즈의 달인 이천재 씨께 다시 한 번 축하 인사를 드리면서 오늘 프로그램을……."

그 때 왕똑똑 씨가 얼굴을 붉히며 진행자에게 다가왔다.

"이건 말도 안 돼요! 어째서 테니스공이 정답이라는 거죠? 정답은 볼링공이라고요. 그러니까 퀴즈의 달인은 나라고요!"

"왕뚝뚝 씨, 진정을 좀 하시고요……."

"진정? 내가 진정하게 생겼어?!"

진행자는 왕뚝뚝 씨의 돌발 행동에 당황스러워했다. 왕뚝뚝 씨는 카메라에 얼굴을 바짝 들이대며 소리쳤다.

"당신들, 물리법정에 고소하겠어~!"

말랑말랑한 테니스공은 트램펄린에 부딪히면서 모양이 많이 변하게 되고
그만큼 충돌시간이 길어져 충격력을 적게 받습니다.
하지만 단단한 볼링공은 트램펄린에 부딪힐 때 모양이 거의 변하지 않아서
충돌시간이 짧게 걸리므로 충격력을 크게 받아 높은 속력으로 튀어오릅니다.

여기는 **물리법정**

볼링공이 왜 트램펄린에서 가장 잘 튈까요?
물리법정에서 알아봅시다.

 피고 측 변론하세요.

 킥킥…….

 물치 변호사, 뭐 하는 겁니까?

 아, 아……! 네, 벌써 시작되었군요. 공 가지고 놀다가 그만 시간 가는 줄 몰랐어요……, 히히.

 쯧쯧, 신성한 법정에서 그게 무슨……. 변론은 안 하실 겁니까?

 아뇨, 합니다, 해요……. 트램펄린에서 젤 잘 튀는 것은 두말할 것도 없이 말랑말랑한 테니스공입니다. 아니, 무겁고 딱딱한 볼링공이 무슨 수로 높이 튀어오른단 말입니까? 안 그렇습니까, 재판장님?

 글쎄요……. 그건 두고 봐야겠지요. 원고 측 변론을 들어 보겠습니다. 변론하세요.

 여기 테니스공과 볼링공을 가져왔습니다. 구기종목개발연구원 이공만 팀장님을 모셔서 두 공에 대해 설명을 들어 보겠습니다.

 그렇게 하세요.

두루뭉술한 몸매에 허리 위치를 알 수 없을 만큼 비만
이지만 인상이 좋은 40대 초반의 남자가 뒤뚱거리면서
앞으로 나와 증인석에 앉았다.

공이란 게 다 같은 줄 알았는데 볼링공과 테니스공을 보니 많
이 다르군요. 어떤 차이가 있는지 구체적으로 설명해 주시겠
습니까?

물론 전혀 다릅니다. 재질부터 볼링공은 호마이카, 에폭시,
우레탄 등으로 만들기 때문에 굉장히 단단하고 밀도가 높은
반면 테니스공은 고무로 만들고 내부가 비어 있어 말랑말랑
합니다.

어느 공이 더 잘 튈까요?

트램펄린에 떨어뜨리면 볼링공이 훨씬 잘 튑니다.

트램펄린

금속 사각형 틀에 그물처럼 짠 스프링을 캔버스 천으로 연결해 만든 기구이다. 트램펄린 위에서 공
중으로 뛰어오르면서 묘기를 펼치기도 하는데, 이를 '트램펄리닝' 또는 '텀블링'이라고도 한다. 역
사는 수세기가 넘었으나 1936년 미국의 체육인 조지 니선이 지금의 트램펄린을 개발했다. 1947년
처음으로 비공식 대회인 미국트램펄리닝대회가 열렸으며, 1954년에는 공식 대회인 미국선수권대회
가 열렸다. 이어 1962년 서독에서 제1회 세계오픈트램펄린대회, 1964년 영국에서 제1회 세계트램펄
린선수권대회가 열렸다. 2000년 시드니 올림픽에서 정식 종목으로 채택되었으며, FIG(Federation
Internationale de Gymnastique: 국제체조연맹)에서 이를 관장한다. 경기는 남녀 개인과 혼합 종목이
있고, 개인 종목은 규정 종목과 자유 연기 종목으로 나눈다. 선수는 트램펄린에서 여덟 번만 도약할
수 있으며, 심사 기준은 난이도, 연기력, 표현 능력, 착지 안정 등 다른 체조 종목과 비슷하다.

 이상하군요. 말랑말랑한 테니스공이 잘 튈 거 같은데요…….

 테니스공은 트램펄린에 부딪히면서 모양이 많이 변하면서 충격력을 적게 받습니다. 그러므로 적은 힘으로 튀어오르게 되어 튀어오르는 속력이 작아 그리 높이 튀어오르지 못합니다. 하지만 단단한 볼링공은 트램펄린에 부딪칠 때 모양이 거의 변하지 않으므로 충격력을 크게 받아 높은 속력으로 튀어오르지요. 그러므로 볼링공이 더 높이 튀어오르는 것입니다.

 설명 감사합니다. 재판장님, 판결해 주세요.

 단단한 볼링공이 트램펄린과 부딪히면 더 큰 힘을 발휘한다는 것을 처음 알게 되었네요. 그러므로 이번 퀴즈 문제의 정답자는 이천재 씨가 아니라 왕똑똑 씨입니다. 방송국에서는 정정 방송을 하도록 하세요.

과학공화국
물리법정 5

탄성력

용수철을 잡아당기면 길게 늘어나지요? 이렇게 힘을 받아 모양이 변하는 물체를 '탄성체'라고 합니다. 이때 용수철을 쥐고 있던 손을 놓으면 용수철은 본디 길이로 돌아가는데, 이처럼 탄성체가 본디 모양으로 돌아가려고 하는 성질을 '탄성'이라고 합니다. 이제 용수철의 탄성력에 대해 차근차근 알아보도록 할까요?

에릭 군이 용수철을 세게 잡아당긴다면 살살 잡아당길 때보다 용수철이 더 많이 늘어날 것입니다. 이때 에릭 군이 용수철을 잡아당기는 힘은 외부에서 용수철에 작용한 힘이니까 아래와 같이 말할 수 있습니다.

● **용수철을 잡아당길 때 용수철의 늘어난 길이는 잡아당긴 힘에 비례한다.**

이때 비례 상수를 '용수철 상수(또는 탄성 계수)'라고 하고 'k'라고 씁니다. 용수철이 늘어난 길이를 'x'라고 하면 다음과 같은 식이 성립하지요.

(용수철을 x 만큼 잡아당기는 힘)$=k \times x$

여기서 용수철 상수는 용수철이 얼마나 잘 늘어나는지를 나타냅니다. 아래와 같은 두 개의 용수철을 예로 살펴봅시다.

용수철 A: 10N으로 당기면 1센티미터 늘어난다.
용수철 B: 10N으로 당기면 2센티미터 늘어난다.

용수철 A와 B를 같은 힘으로 잡아당길 때 용수철 B가 더 많이 늘어납니다. 두 경우 k를 구해 봅시다.

용수철 A: $k = \dfrac{10}{1} = 10$N/cm

용수철 B: $k = \dfrac{10}{2} = 5$N/cm

그러니까 k의 값이 작을수록 같은 힘으로 당길 때 더 잘 늘어난다고 할 수 있습니다. 여기서 용수철을 잡아당긴 힘은 용수철에 작용하는 힘입니다. 힘은 두 물체 사이의 상호 작용이므로 에릭 군이 10N의 힘으로 용수철을 잡아당기면 작용과 반작용의 원리에 따라 용수철도 10N의 힘으로 반대 방향으로 에릭 군을 잡아당기게 됩니다. 이 힘은 바로 용수철이 본디 길이가 되려는 방향으로의 힘인데, 이를 '용수철의 탄성력' 이라고 부릅니다. 여기서 잊지 말아야 할 것이 있습니다. 용수철의 탄성력은 용수철에 작용하는 힘이 아니라 용수철에 매달려 있는 물체에 작용한다는 것.

따라서 에릭 군이 용수철을 힘 F로 잡아당기면 용수철이 에릭 군을 잡아당기는 힘(용수철의 탄성력)은 힘 F와 크기는 같고 방향은 반대입니다. 즉 용수철에 물체를 매달아 물체를 x만큼 늘어나게 하면 용수철에 작용하는 힘은 kx이고, 용수철이 물체를 잡아당기는 힘(용수철의 탄성력)은 $-kx$입니다.

(용수철이 x 만큼 늘어났을 때 용수철의 탄성력)$=-k \times x$

여기서 음의 부호로 나타나는 것은 용수철을 x만큼 잡아당기는 힘의 방향을 (+)로 했기 때문입니다. 이때 용수철이 본디 길이로 돌아가려고 하는 힘은 (−) 방향입니다.

왜 음의 부호가 붙는지 다음 예에서 좀 더 쉽게 알 수 있습니다.

아래 그림과 같이 용수철에 매단 나무토막을 하니 양이 오른쪽으로 10N의 힘으로 잡아당겼다고 합시다.

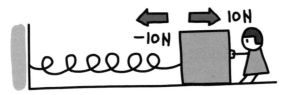

이때 나무토막이 정지해 있다면 나무토막이 받는 합력은 0입니다. 하니 양이 나무토막을 잡아당긴 힘이 10N이니까 다른 뭔가가 -10N의 힘을 나무토막에 작용해야 나무 토막이 받는 합력이 0이 되어 움직이지 않겠지요. 이때 -10N의 힘은 바로 용수철이 나무토막에 작용하는 탄성력입니다. 즉 용수철이 본디 모습이 되려는 힘이 -10N이고, 나무 토막은 용수철에 매달려 있으므로 나무토막에 용수철의 탄성력 -10N이 작용한 것입니다.

용수철의 탄성력에 대해 좀 더 알아볼까요? 용수철에 질량이 m인 추가 매달려 평형을 이룰 때 추에 작용하는 힘은 다음 식과 같이 정리할 수 있습니다.

W = 추의 무게 = 지구가 추를 당기는 힘

F = $-k \times x$ = 탄성력 = 용수철이 추를 당기는 힘

추가 정지해 있으려면 추에 작용하는 합력이 0이니까 $W - k \times x = 0$이 됩니다. 그러니까 용수철은 $k \times x = W$를 만족할 때까지 늘어날 것입니다.

장력의 경우처럼 용수철이 천장을 당기는 힘은 없을까요? 물론 있습니다. 그것도 용수철의 탄성력이지요. 하지만 천장의 저항력 (천장 안쪽의 물질이 천장면을 당기는 힘)이 천장의 위쪽 방향으로 작용하고 그 힘의 크기가 용수철이 천장을 당기는 힘과 같으므로 천장이 받는 합력 역시 0이 되어 천장이 움직이지 않습니다.

아래 그림에서 용수철이 늘어난 길이가 같을까요? 다를까요?

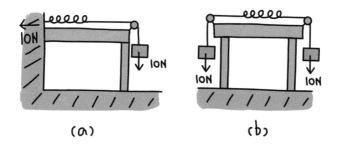

(a)   (b)

얼핏 생각해 보면 그림 a에서는 용수철에 매달린 물체의 무게가 10N이고 그림 b에서는 용수철에 매달린 물체의 무게의 합이 20N 이니까 그림 b의 용수철 길이가 두 배 늘어난 것처럼 보이겠지만, 그렇지 않습니다. a와 b 모두 용수철이 늘어난 길이는 똑같습니다. 왜 그럴까요? 앞에서 설명한 것처럼 용수철의 탄성력은 용수철의 중심 방향으로 작용하므로 벽에 매달린 용수철에 10N의 물체를 매단 것은 벽이 10N의 힘으로 왼쪽으로 용수철을 당기고 물체가 10N의 힘으로 용수철을 오른쪽으로 당기는 셈입니다. 그러니까 결국 그림 b처럼 용수철의 양쪽을 10N의 힘으로 당기는 것과 같으므로 두 경우 용수철이 늘어난 길이는 같은 거예요.

용수철 상수가 각각 k_1, k_2인 두 개의 용수철이 연결되어 있는 경우를 살펴봅시다. 먼저 다음 그림과 같이 두 용수철이 직렬로 연결되어 있는 경우를 살펴볼까요? 두 용수철에 매달린 추를 힘 F로 잡아당겼을 때 두 용수철이 늘어난 갈이를 각각 x_1, x_2라고 합시다.

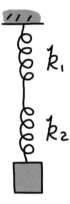

이때 용수철이 늘어난 전체 길이를 x라고
하면,

$$x = x_1 + x_2 \quad (1)$$

그리고 두 용수철을 직렬로 연결할 경우
추에 작용하는 힘 F가 각각의 용수철에 동일
하게 작용하므로,

$$k_1 x_1 = k_2 x_2 = F \quad (2)$$

(2)에서 $x_1 = \dfrac{F}{k_1}$, $x_2 = \dfrac{F}{k_2}$ \quad (3)

(3)을 (1)에 넣으면 $x = \dfrac{F}{k_1} + \dfrac{F}{k_2}$ \quad (4)

만일 이 두 용수철에 의한 효과가 힘 F가 하나의 용수철에 작용
해 x만큼 늘어났다고 할 때 하나의 용수철의 용수철 상수를 k라고
하면 $F = kx$입니다.

$\dfrac{F}{k} = \dfrac{F}{k_1} + \dfrac{F}{k_2}$ 이므로 두 용수철의 직렬연결의 합성 용수철 상

수 k는, $\dfrac{1}{k} = \dfrac{1}{k_1} + \dfrac{1}{k_2}$ 입니다.

그러니까 두 용수철의 직렬연결에 대한 합성 용수철 상수의 역수는 각각의 용수철 상수의 역수의 합입니다.

이번에는 다음 그림과 같이 병렬로 연결되어 있는 경우를 알아볼까요? 이때 두 용수철에 연결된 물체를 힘 F로 잡아당기면 두 용수철은 같은 길이만큼 늘어납니다. 그 길이를 x라고 해 봅시다.

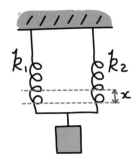

이 두 용수철의 탄성력을 각각 F_1, F_2라고 할 때 물체가 정지 상태에 있으려면 아래와 같아야 합니다.

$F_1 + F_2 = F$ (1)

한편 $F_1 = k_1 x, F_2 = k_2 x$ (2) 이므로 (2)를 (1)에 넣으면,

$k_1 x + k_2 x = F$ (3)

두 용수철의 효과와 똑같은 하나의 용수철의 용수철 상수를 k라고 하면 아래 그림과 같습니다.

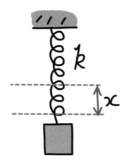

이때 $F = kx$ (4)이므로 (3)과 (4)에서 $k = k_1 + k_2$, 그러니까 용수철의 병렬 연결에서 합성 용수철 상수는 두 용수철 상수의 합이 됩니다.

제7장

중력에 관한 사건

아무도 저 친구에게 말 안 했어? 팔과 다리를 펼쳐서 공기 저항을 받아야 낙하 속력이 떨어진다고.

60층에서 낙하산을 타면?

낙하 속도를 낮추면 충격을 덜 받을까요?

파이어소방서에서 긴급회의가 열렸다.

"다들 아시다시피 최근 고층 건물에서 화재가 자주

일어나고 있습니다. 지난 주말 58빌딩에서의 화재

사고로 인명 피해가 수십 명에 달했고, 한 달 전에도 이와 비슷한

사건으로 10여 명이 목숨을 잃었습니다. 더 이상 이대로 보고만 있

을 수 없다는 판단 아래 고층 건물 화재 예방과 안전 대피 방안을

마련하려고 오늘 긴급 회의를 소집했습니다."

회의 진행자의 말이 끝나기 무섭게 강썰렁 씨가 손을 번쩍 들

었다.

"제가 생각하는 예방법은······."

회의에 참석한 모든 이의 시선이 강썰렁 씨에게 집중되었다. 긴장감이 감도는 가운데 그가 입을 열었다.

"화재가 일어나지 않도록 조심하는 것입니다, 하하하!"

순간 회의장에는 영하 10도의 냉랭한 기운이 감돌았다.

당황한 진행자는 어색한 미소를 지으며 말했다.

"예에······ 강 박사님. 백 번 옳은 말씀이기는 합니다. 하하하······ 조심하는 것이 가장 중요하긴 하지요······. 음, 그런데 좀더 구체적인 방안은 없을까요?"

그 때 박소심 씨가 머뭇거리며 손을 들었다.

"저기······ 고층 건물에서 불이 나면 사람들이 모두 꼭대기로 올라가지 않습니까?"

"예~ 그렇죠. 불길이 위로 올라오니 사람들은 내려갈 순 없고, 대부분 옥상으로 올라갑니다. 지난 사건들에서도 높은 곳에서 뛰어내려 봉변을 당한 사람들이 아주 많았습니다."

"그렇다면······."

사람들은 기대에 찬 눈빛으로 박소심 씨를 쳐다보았다.

"옥상에 비상 대피할 수 있는 곳을 만드는 것입니다. 그 곳에 들어가면 안전하도록! 왜, 영화에 보면 많이 나오지 않습니까? 요새 같은 거요! 허허허."

"좀 더 진지하게 의견을 제시해 주시길 바랍니다."

"죄송합니다."

"다른 의견은 없으십니까?"

박소심 씨 맞은편에 앉아 있던 왕진지 씨가 마이크를 잡았다.

"제 생각에는 어차피 화재 사고라는 게 미리 예고를 하고 일어나는 것도 아니고, 아무리 조심한다 해도 일어나는 게 사고 아니겠습니까?"

"예, 그렇지요."

"그렇다면 예방에 신경을 쓰는 것도 중요하지만 그보다는 위기에 처한 사람들에게 도움이 될 만한 방법을 생각해야 하지 않겠습니까?"

"아, 왕 박사님의 말씀이 옳은 것 같습니다. 그렇다면 구체적으로 어떤 것들이 도움이 될까요?"

"음…… 그건…… 잘 모르겠습니다."

"엥?"

회의장에 있던 사람들은 다시금 남극의 펭귄이 된 듯 꽁꽁 얼어붙었다. 진행자가 얼음을 깨뜨려 보려는 듯 말을 이었다.

"왕 박사님의 이야기처럼 위기에 처한 사람들을 구하는 데 꼭 필요한 일은 무엇일까요? 우리가 무엇을 할 수 있을까요? 그 구체적인 방법에 대해 회의를 하도록 하겠습니다."

뒤쪽에 앉아 있던 나엉뚱 박사가 손을 들었다.

"네, 나 박사님."

"만약 우리가 지금 회의를 하고 있는 이 건물에 불이 났다고 가정해 봅시다. 우리는 너나할것없이 건물 꼭대기로 달려갈 것입니다. 불이 났으니 당연히 엘리베이터는 위험할 테고…… 자, 그럼 지금 우리가 이 건물 옥상에 있다고 생각해 봅시다. 생각만 해도 끔찍한가요? 구조대는 건물 아래에서 발만 동동 구르고 있고, 스스로 자기 목숨을 구할 수밖에 없는 상황이라면 여러분은 어떻게 하시겠습니까? 다시 건물 1층까지 내려가서 유유히 문으로 걸어 나갈 수 있습니까? 아니면 슈퍼맨처럼 날아서 내려가겠습니까?"

"가만히 손놓고 있다 건물에서 불타 죽느니 차라리 뛰어내리는 편이 낫지 않을까요?"

"그렇습니다. 대부분 불길에 밀려 위로 올라가다가 막다른 곳에 이르면 건물에서 뛰어내리려 합니다. 하지만 이 건물이 4층이 아니라 60층이라면요? ……이야기가 좀 달라질까요? 진행자 양반, 그때도 뛰어내리시겠습니까?"

"물론…… 망설이긴 하겠지만 어차피 불길은 올라올 테고…… 가만히 서 있다가 통구이가 되고 싶진 않은데요."

"하하하하~!"

진행자의 말에 웃음이 터졌지만, 이내 침묵이 감돌았다. 실제로 그런 일이 있었다고 생각하니 웃을 수만은 없었다.

"통구이가 될 수는 없고, 그렇다고 60층에서 뛰어내리기도 겁나고…… 중요한 사실은 불이 난 건물에서 빠져 나와야 그나마 생명을 구할 수 있다는 것입니다. 하지만 그냥 맨몸으로 뛰어내린다면 그 결과는 통구이와 다름없이 끔찍할 것입니다. 하지만 안전하게 뛰어내린다면 어떨까요?"

"60층에서 안전하게 뛰어내린다? 구조대도 없이 말입니까?"

"그렇습니다. 바로 '낙하산'입니다. 낙하산을 고층 건물 옥상에 비치해 두는 것입니다. 화재가 나면 사람들은 옥상으로 올라가 미리 준비해 놓은 낙하산을 메고 안전하게 내려오면 됩니다. 어떻습니까?"

회의장에 있던 사람들이 일제히 일어나 박수를 쳤다.

"역시 나 박사님이십니다! 대단하세요! 어떻게 그런 생각을 하셨습니까, 하하하!"

"이제 고층 건물에 화재가 나도 끄떡없겠네요. 인명 피해 제로를 위하여!"

나엉뚱 박사는 영웅이라도 된 것처럼 어깨가 으쓱거렸다.

회의장 분위기는 마냥 화기애애했다. 그러나 딱 한 사람만은 아까부터 줄곧 인상을 찌푸리고 있었다.

"잠깐!"

바로 최꼼꼼 물리 박사였다.

"이봐요, 나 박사. 60층 빌딩 옥상에 낙하산을 설치한다고요? 당신 지금 그게 진담이요? 허허~ 참, 정말 말도 안 되는 소리라는 걸 모른단 말이오?"

나엉뚱 박사는 최꼼꼼 박사에게 다가갔다.

"무슨 말이요? 최 박사 당신이야말로 무슨 근거로 그런 말을 하는 거요, 엉? 내 뛰어난 아이디어가 부러우면 솔직히 부럽다고 할 것이지, 쳇!"

"긴급회의라고 해서 왔더니만 바보 같은 헛소리에 일어나서 박수까지 치는 꼴이라니…… 60층 빌딩에 낙하산을 설치하겠다고? 그건 맨몸으로 뛰어내리는 것과 별다를 게 없소! 괜스레 예산만 낭비하지 말고 그 의견은 없었던 것으로 하시오. 더 이상 말할 가치도 없소."

"뭐요?! 최 박사, 생트집잡지 말고 당장 이 회의장에서 나가쇼! 자자~ 여러분! 제 의견에 동의하시는 분들은 손을 드세요. 거수로 결정하겠습니다."

회의장에 있던 사람들은 하나같이 손을 들었다.

그 모습을 본 최꼼꼼 박사는 고개를 절레절레 흔들며 회의장 문을 박차고 나갔다.

얼마 뒤 최꼼꼼 박사는 뉴스를 보다가 60층 정도의 고층 건물에는 낙하산을 비치해야 한다는 법규가 제정되었음을 알게 되었다.

"이런! 결국 예산만 낭비하는 바보 같은 결정을 했단 말인가?"

최꼼꼼 박사는 더 이상 가만히 보고만 있을 수 없어 물리법정에 고소를 했다. 이에 세간의 이목이 집중되었다.

고층 건물에 낙하산이 있으면 정말 위급한 상황에서 요긴하게 쓸 수 있을까? 최꼼꼼 박사는 낙하산 설치가 예산만 낭비하는 결정이라고 주장하는 확실한 근거가 있는 것일까……? 사람들은 몹시 궁금해했다.

물리법정에서 재판이 열리는 날이었다. 낙하산 설치를 반대하고 나선 최꼼꼼 박사에게 불만이 이만저만이 아닌 여러 박사들이 참석했다. 이미 결정된 일을 가지고 이렇게 귀찮게 구는 최 박사가 달가울 리 없었던 박사들은 자꾸만 구시렁거렸다.

높이 800미터 이하에서 낙하산을 펼친다면 땅에 닿을 때의 속도가 여전히 커서 충격을 많이 받게 됩니다. 따라서 800미터 이하의 건물에 낙하산을 설치하는 것은 무용지물입니다.

60층 높이의 건물 옥상에서 낙하산을
타고 내려올 수 있을까요?
물리법정에서 알아봅시다.

 자, 조용히들 하세요. 재판을 시작하겠습니
다. 피고 측 변론하십시오.

 고층 건물에서 화재가 나는 경우 안전하게
대피할 수 있도록 낙하산을 설치하자는 결론은 이미 나왔습
니다. 그런데 도대체 왜 혼자만 반대하고 나서는 건지 이해
가 되질 않네요. 화재가 나도 사람들을 구하지 말라는 소립
니까?

 구조를 하지 말자는 얘긴 아닌데요…….

 그게 그거 아닙니까? 다수의 의견으로 낙하산 설치가 젤 좋
은 해결책이라고 결정이 났으면 겸허하게 받아들여야죠.

 낙하산 설치가 예산 낭비라고 주장하는 근거가 무엇인지 들
어 보고 판단할 일입니다. 정말 예산 낭비라는 결과가 나오면
피고 측이 책임을 질 건가요?

 음, 그건…… 아닙니다만…….

 원고 측 변론을 들어 봅시다.

 자유 낙하하는 것보다야 낙하산이 낙하 속도를 낮추는 데 도
움이 되겠지요. 하지만 낙하하는 데 낙하산 준비 말고도 갖추

어야 할 조건이 있습니다. 낙하에 관해 속 시원하게 설명해
주실 스카이연구소의 최강하 박사님을 증인으로 요청합니다.

 그렇게 하세요.

당장 고공 낙하를 해도 손색없을 만큼 완벽하게 장비를 갖
추고 낙하 복장에 고글을 쓴 건장한 남자가 성큼성큼 걸어
나와서 증인석에 앉았다.

 최강하 박사님, 법정에서는 고글을 좀 벗어 주시겠습니
까……? 스카이다이버들은 낙하산을 펼치지 않고 뛰어내려
서 한참을 자유 낙하하다가 낙하산을 펼치는데요. 낙하산을
펼치는 높이가 정해져 있습니까?

최강하 자유 낙하할 때 낙하 속도는 시속 700킬로미터 정도 됩니다.
전문 스카이다이버들은 1000~4000미터 정도에서 자유 낙
하하기 시작해 지상에서 500미터 높이에서 낙하산을 펼치기
도 하는데, 500미터에서 낙하산을 펼쳐야 겨우 목숨을 건질
정도니 위험한 거죠. 초보자라면 1000미터 정도 높이는 되
어야 안전하고요, 최소한 800미터는 넘어야 합니다. 초보자
가 800미터 이하에서 낙하산을 펼친다면 땅에 닿을 때의 속
도가 여전히 너무 커서 충격을 많이 받아 심하게 다치게 됩
니다.

만일 60층 건물이라면 한 층이 3미터라고 가정할 때 180미터밖에 되지 않는군요. 그럼 낙하산이 무용지물이라는 건 누가 봐도 확실하겠네요.

우리나라 건물에 낙하산을 비치할 만한 곳은 없습니다. 이 같은 사실을 안다면 설치하지 않는 게 옳습니다.

정말 큰일날 뻔했습니다. 화재 시에 구조 방법이랍시고 마음 놓고 낙하산을 펼쳤다간 몽땅 목숨을 잃겠네요. 생각만 해도 아찔합니다. 증인이 정확하게 설명해 주셔서 더 이상 덧붙일 말이 없습니다. 재판장님, 판결을 내려주십시오.

고층 건물에 낙하산을 설치한다는 방안은 무용지물인 것이 확인되었습니다. 낙하산 설치 결정을 취소하고, 다시 회의를 열어 좀 더 안전한 구조 방법을 찾도록 하십시오. 또한 스카이다이빙을 할 때 안전 수칙을 철저히 교육할 것을 공고하는 바입니다.

다빈치의 낙하산

2000년 6월, 애드리언 니콜라스는 15세기에 레오나르도 다빈치가 그림으로 남긴 낙하산 설계도에 따라 낙하산을 만들었다. 니콜라스는 그 낙하산을 메고 남아프리카공화국 상공에서 뛰어내려 낙하에 성공했다. 땅이 가까워지자 니콜라스는 90킬로그램이나 되는 이 나무틀을 벗어 버리고 현대식 낙하산을 펼쳤다. 한편 헬리콥터에서 그의 낙하 모습을 촬영했는데, 이를 두고 니콜라스는 '다빈치가 봤다면 회심의 미소를 지었을 것입니다. 그는 회전 날개가 달린 비행체도 설계했으니까요'라고 말했다.

지구는 왜 안 떨어져요?

만일 사과가 지구보다 더 무겁다면
지구가 사과 쪽으로 떨어질까요?

과학공화국에는 뉴통이라는 이름의 유명한 물리학
자가 있었다. 그는 사과를 유난히 좋아해서 연구도
늘 사과나무 아래에서만 하는 버릇이 있었다.

"오, 탐스런 사과여! 그대는 항상 나에게 물리적 영감을 떠오르
게 해 주는군요."

뉴통이 사과를 보면서 날마다 부르짖는 말이었다.

그러던 어느 날, 연일 계속되는 연구에 몹시 피곤했던 뉴통은 밀
려오는 잠을 이기지 못하고 사과나무 아래서 스르르 눈을 감았다.
그는 곧 코까지 심하게 골며 깊은 잠에 빠졌다.

"아야!"

뉴통이 비명을 지르며 잠에서 깨었다. 그가 그렇게 애지중지하던 사과나무에서 사과 하나가 자유 낙하를 해서 그의 이마에 충격을 주었던 것이다.

"그래! 바로 이거야. 난 사과를 건드리지 않았어. 그런데 사과가 땅에 떨어진 건 말이야, 무언가가 사과에 힘을 작용했단 뜻이야. 그래! 그건 바로 이 땅바닥, 그러니까 지구가 사과를 잡아당기는 힘일 거야."

뉴통은 사과에 맞아 생긴 혹을 어루만지며 다른 한 손으로는 지구가 사과를 잡아당기는 힘에 대한 공식을 일필휘지로 써 내려가기 시작했다. 뉴통은 그랬다. 무언가를 골똘히 생각할 때에는 누가 불러도, 아니 누가 잡아가도 모를 정도로 집중하는 그런 과학자였다.

하룻밤 사이에 그는 지구가 사과를 떨어지게 하는 힘에 대한 연구 결과를 논문으로 만들었다. 뉴통은 그 힘을 '만유인력'이라고 불렀다.

마침 다음 날은 뉴통이 힘학회에 참석하는 날이었다. 그는 자기 차례가 되자 새로 발견한 힘에 대한 연구 결과를 발표했다. 그러자 사람들이 웅성거리기 시작했다. 특히 뉴통과 라이벌이었던 데깡이라는 물리학자는 자리를 박차고 일어나 큰 소리로 이렇게 말했다.

"거, 말도 안 되는 소리 집어치우시오! 사과가 저절로 떨어졌다는 게 말이 됩니까? 힘이란 두 물체가 만나야만 이루어지는 거요.

그런데 사과랑 지구랑은 만난 일이 없지 않소? 그러므로 이건 당신이 자고 있는 사이에 까마귀가 사과를 먹으려다 실패해서 사과를 아래로 미는 힘이 작용해 사과가 땅에 떨어진 것이 틀림없소. 따라서 난 당신의 주장이 말도 안 된다고 생각하오."

데깡의 말에 뉴통도 화가 나서 한 마디 던졌다.

"이 세상 모든 힘이 꼭 두 물체가 만나서 이루어지는 것은 아니요! 달과 지구를 보시오. 달이 어디 지구에 붙어 돕니까?"

"그건……."

데깡이 말꼬리를 흐리며 자리에 앉았다. 하지만 그것도 잠시, 언제나 뉴통을 못 잡아먹어서 안달이던 데깡은 무언가 좋은 생각이 떠올랐는지 다시 자리를 박차고 일어나 물었다.

"좋소. 두 물체가 만나지 않더라도 힘이 작용할 수 있다고 칩시다. 하지만 무릇 힘이란 두 물체 사이의 상호 작용이요. 즉 내가 벽에 미는 힘을 작용하면 벽도 나를 같은 크기의 힘으로 민단 말이요. 그럼 지구가 사과를 잡아당긴다면 사과도 지구를 잡아당겨야하는 것 아니오? 그런데 지구가 움직이기라도 했소?"

"그럼요! 지구는 움직였어요."

"푸하하하, 완전히 맛이 갔군! 지구가 움직였답니다, 여러분."

데깡은 계속해서 비아냥거렸다.

학회가 끝난 뒤 뉴통은 논문 발표를 엉망으로 만든 데깡을 물리 법정에 고소했다.

만유인력은 '질량×가속도'라고 할 수 있습니다.
그런데 사과의 질량에 비해 지구의 질량이 엄청나게 크므로
이 값이 같아지려면 사과의 가속도는 지구의 가속도에 비해
아주 커져야 합니다. 만일 사과가 지구보다 무겁다면
지구가 사과 쪽으로 더 많이 떨어지겠지요.

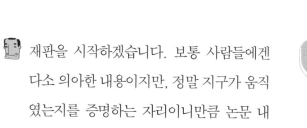

지구는 왜 사과 쪽으로 떨어지지 않을
까요?
물리법정에서 알아봅시다.

재판을 시작하겠습니다. 보통 사람들에겐
다소 의아한 내용이지만, 정말 지구가 움직
였는지를 증명하는 자리이니만큼 논문 내
용을 살펴보고 판단해야겠군요. 피고 측 변호사 변론하세요.

원고는 지금 황당한 내용을 논문으로 내놓고서 오히려 자기
논문 발표를 엉망으로 만들었다며 피고를 고소했습니다. 딸
랑 사과 하나의 힘에 지구가 움직였다고 주장하는데, 이게 놀
리는 거 아니면 무엇입니까? 결과가 뻔한데 재판은 해서 뭐
하겠습니까? 이쯤에서 그만 하고 집에 가서 텔레비전이나 보
는 게 낫겠네요.

원고 측 변론을 들어 보고 판단하겠습니다. 원고 측은 논문
내용에 대해 이해하기 쉽게 설명을 해야 할 것입니다. 그럼
원고 측 변론하세요.

뉴통 씨를 모셔서 논문에 대해 설명을 듣는 것이 좋겠습니다,
재판장님.

네, 그렇게 하지요.

여러 사람들 앞에서 자기 논문을 웃음거리로 만들며 비아냥거리던 데깡의 얼굴을 머릿속에서 지울 수 없었던 뉴통은 뿔이 난 얼굴로 뚜벅뚜벅 걸어 나와 조용히 증인석에 앉았다.

🧑 뉴통 씨, 논문에 대해 설명을 해 주셔야겠네요. 어떤 근거로 지구가 움직인다고 판단하셨는지요?

🧑 만유인력은 떨어져 있는 물체 사이에서 당기는 힘으로, 크기는 두 물체의 무게중심 사이 거리의 제곱에 반비례하고 두 물체 질량의 곱에 비례하는 양이며 두 물체는 같은 힘을 받습니다. 이 힘이 행성처럼 큰 물체와의 사이에 작용할 때 이를 중력이라고 부릅니다.

🧑 두 물체가 서로 받는 힘의 크기가 같단 말이로군요.

🧑 잠깐, 그럼 왜 지구와 사과에 서로 다른 효과가 나타나는 거죠? 역시 엉터리였어…….

🧑 물치 변호사, 그건 저희가 밝혀 드릴 테니 좀 잠자코 계시죠?

🧑 물치 변호사, 조용히 하십시오.

🧑 다른 효과가 나타난다고 말씀하셨는데 그건 틀린 말입니다. 똑같이 나타나는 현상을 우리가 놓치고 있는 거지요. 아니, 너무 미세해서 느끼지 못하는 겁니다. 만유인력은 질량과 가속도의 곱(질량×가속도)이라고도 말할 수 있는데요, 사과의 질량에 비해 지구의 질량이 엄청나게 커서 이 값이 같아지려면

사과의 가속도는 지구의 가속도에 비해
아주 커져야 합니다. 그래서 사과의 가속
도가 빠르게 증가해 지구 중심 방향인 아
래로 떨어지는 것이지요. 이와 달리 지구
는 가속도가 너무 작아 움직이면서도 움
직인다고 말할 수 없을 만큼 미세한 겁니
다. 만약 사과가 아니라 질량이 어마어마
하게 큰 사과만 한 블랙홀이라면 지구가
움직이는 것을 확인할 수 있을 테지요.

작용과 반작용

작용과 반작용은 떨어져 있는 두
물체에도 성립한다. 그러므로 사
과와 지구가 서로 접촉하지 않는
다 해도 작용 반작용의 법칙은
적용된다. 이때 지구가 사과를 당
기는 힘의 반작용은 사과가 지구
를 당기는 힘이다. 만일 사과가
지구보다 무겁다면 지구가 사과
쪽으로 더 많이 떨어지게 된다.

 지구에 살면서 느끼지 못하는 현상을 뉴통 씨가 밝혀 내신 거
군요. 그럼 지금도 지구와 우리는 서로 끌어당기고 있겠네요.
결국 떨어져 있는 물체 사이에도 힘이 작용하고, 이렇게 만유
인력을 받으면 모든 물체가 당겨지고 움직인다는 거군요. 눈
으로 뚜렷하게 확인할 수 없다고 해서 무조건 무시하는 행위
는 더 이상 일어나지 않았으면 합니다. 재판장님, 판결을 내
려주시죠.

 만유인력으로 지구가 움직인다는 것을 인정합니다. 피고 데
깡 씨는 원고 뉴통 씨에게 진심으로 사과하세요. 또 뉴통 씨
가 다시 논문을 발표할 수 있도록 자리를 만드십시오. 인류가
살아가면서 발견하고 널리 알리는 일들은 앞으로도 지원해야
할 사항입니다.

비에 맞아 죽을 수도 있나요?

공기의 저항을 받으면 속력이 줄어들까요?

올해로 40세가 된 기우제 박사는 혼자 있기 좋아하는 괴짜 물리학자이다. 그래서 그는 결혼도 하지 않고 혼자 작업실에 틀어박혀 날마다 새로운 연구를 하며 지낸다. 그는 다른 사람들이 발표한 연구 논문은 보지 않고 자기 생각만을 믿는 옹고집이었다. 사정이 이렇다 보니 다른 물리학자들도 그와 만나는 것을 그다지 달가워하지 않았다.

하지만 기우제 박사에게도 그만을 존경하고 따르는 제자가 있었다. 초등학교를 중간에 그만둔 학력이 전부인 무조건 씨는 기우제 박사의 오른팔이자 성실한 신도였다. 그는 기우제 박사의 말 한 마디 한 마디를 한 점 의심 없이 믿었다.

기우제 박사 역시 자기를 그토록 믿고 따르는 무조건 씨를 좋아했다. 그래서 외출할 때면 늘 무조건 씨를 데리고 다녔다.

그러던 어느 날 두 사람이 뒷산에 올라 명상을 즐기려던 참에 갑자기 소나기가 내렸다. 두 사람은 서둘러 동굴 안으로 들어가 비가 그치기만을 기다렸다.

무조건 씨가 불을 피워 젖은 옷을 말리면서 물었다.

"박사님, 비에도 질량이 있나요?"

"이보게, 조건이. 비는 아주 높은 곳에서 만들어진다네. 아주 높은 곳에서 떨어지면 낙하하는 데 걸리는 시간이 길겠지?"

"물론이죠."

"그럼 낙하하는 순간 비의 속력은 아주 커지게 될 걸세. 그런데 비에 질량이 있다면 어마어마한 속력으로 떨어져 우리 머리에 큰 충격력을 작용하게 될 테니, 비에 맞는 순간 모두 죽어 버릴 걸세."

"하지만 비에 맞아 죽었다는 사람은 없잖아요?"

"바로 그게 비에 질량이 없다는 증거네. 질량이 없는 물체와 충돌하면 충격력을 받지 않을 테니까."

"그렇겠군요. 역시 박사님은 모르는 게 없으십니다."

이렇게 물리에 관한 대화를 나누면서 기우제 박사에 대한 무조건 씨의 무조건적인 존경심은 점점 커져만 갔다.

그러던 어느 날 무조건 씨는 텔레비전에서 일기예보를 보다 말고 버럭 화를 냈다. 기상 캐스터가 다음과 같이 말했던 것이다.

"아무리 가벼운 비라도 맞으면 조금은 아프지 않겠어요? 내일은 비올 확률이 99퍼센트나 되니까 외출하실 땐 우산 꼭~ 챙기세요."

"뭐라고? 비를 맞으면 아프다고? 비는 질량이 없으니까 아무리 맞아도 아프지 않단 말이야."

무조건 씨는 기상 캐스터가 과학공화국 시청자들을 속이고 있다며 그를 물리법정에 고소했다.

물체는 떨어지면서 공기 분자들과 충돌하는데, 이때
공기 분자들이 물체에 작용하는 힘을 '공기 저항력' 이라고
합니다. 이 힘은 지구가 물체를 잡아당기는
중력과 반대 방향으로 작용합니다.

비를 맞는다고 해서 아픔을 느끼지는
않는데, 정말 비는 질량이 없나요?
물리법정에서 알아봅시다.

 재판을 시작하도록 하겠습니다. 원고 측 변
론하세요.

 재판장님, 비를 맞고 다쳐서 머리에 붕대를
친친 감아 본 경험이 있으십니까?

 물론…… 없지요.

 비에 질량이 있다면 그 질량이 아무리 작다 해도 땅에 도달할
때면 속력이 어마어마해질 것입니다. 당연히 그 충격력으로
사람이 맞으면 죽을 수도 있겠죠. 하지만 세상에 비 맞고 사
람이 죽었단 소리는 듣지 못했습니다. 기상 캐스터는 일기예
보를 할 때 정확히 아는 내용만 말해야 했습니다. 과학공화국
시청자들에게 정중하게 사과할 것을 요구하는 바입니다.

 정말 기상 캐스터가 사과를 해야 하는지 알아봅시다. 피고 측
변론하십시오.

 비에 질량이 없다고 주장하셨는데, 그럼 내리는 비를 모아서
질량을 재면 0이 나와야 하는 거 아닌가요? 하지만 실제로는
0이 아닌걸요. 이처럼 질량이 있는데도 그 높은 상공에서 떨
어지는 비를 맞았을 때 아프지 않은 이유를 설명해 드리겠습

니다. 공기응용연구소 공저항 박사님을 모시도록 하겠습니다.

한 중년 남자가 몸을 잔뜩 낮추고 법정에 들어서서 무언
가에 저항하는 눈빛으로 사람들을 둘러보고는 증인석에
앉았다.

 공저항 박사님, 긴장 푸시고요. 비가 높은 상공에서 떨어지는
데도 우리는 왜 비를 맞고서 아프다고 느끼지 않는지 설명해
주시지요.

누구나 높은 곳에서 떨어지는 질량이 있는 물체에 맞으면 아
프다는 것을 압니다. 비는 보통 8~10킬로미터 상공에서 떨
어지는데, 비를 맞아도 아프지 않다는 것은 비가 내려오는 동
안 속도 증가를 방해하는 요인이 있다는 뜻입니다. 방해하는
요인은 땅과 하늘 중간에 가득 차 있는 대기입니다. 즉 대기
에 가득 차 있는 공기 분자들이 떨어지는 비와 충돌하면서 비
의 속도가 증가하지 못하도록 합니다. 땅에 떨어지는 순간까
지 공기 저항을 받는 비는 어느 정도까지만 속도가 상승하는
데, 그 속도를 '종단 속도'라고 합니다. 종단 속도에 도달하
면 일정한 속도를 유지하게 되지요. 그래서 비를 맞아도 충격
을 거의 받지 않는 것입니다.

네…… 대기가 없다면 비를 맞고 죽을 수도 있겠네요.

비가 내리는 속도

장대비가 내릴 때 빗방울의 지름은 5밀리미터 정도이며, 이때 빗방울의 끝 속도는 시속 30킬로미터로 엄청나게 빠르다. 하지만 가랑비는 빗방울의 지름이 0.4밀리미터 정도로, 이때 빗방울의 끝 속도는 시속 3킬로미터 정도에 그친다.

 대기가 없는 10킬로미터 상공에서 중력을 받아 떨어지는 물방울은 총알보다 빠른 속도록 내려와 살인 무기가 된다고 합니다.

 와우, 정말 대단한데요…… 공기는 숨을 쉬는 데만 필요한 것이 아니라 목숨까지 지켜 주는 소중한 존재로군요.

 원고인 무조건 씨는 기상 캐스터의 말이 틀리지 않았다는 사실을 알게 되었겠군요. 사과를 받는 게 아니라 도리어 사과를 해야겠는걸요. 공기 저항이 이렇게 중요한 역할을 하고 있었다니, 대기의 고마움을 다시금 되새겨야겠습니다. 그럼 이것으로 재판을 마치겠습니다.

실패한 낙하산 쇼

낙하할 때 팔을 벌리면 낙하 속력이 줄어들까요?

낙하산쇼협회 게시판에 공고문이 붙었다.

"대회 10주년을 맞아 올해 열리는 '세계 낙하산 쇼 대회'에는 프로 팀뿐 아니라 아마추어 팀도 출전할 수 있는 자격이 주어집니다. 1등을 하는 팀에게는 거액의 상금과 함께 최고 영예인 '올해의 고공맨'에 오르는 영광을 드립니다. 많은 관심과 도전을 기다립니다."

게시판 주위에 많은 사람들이 몰려들었다.

"보나마나 독수리 팀이 우승할 게 뻔하지 뭐."

"독수리 팀이 우승할 거야. 이런 기회를 놓칠 리가 없지."

사람들 틈에 있던 나하늘 씨는 눈을 반짝 빛내더니 연습실로 총알같이 달려갔다.

"다들 공고 봤어요?"

"공고라니?"

"이번에 세계 낙하산 쇼 대회가 열린대요!"

"잘나가는 프로 팀들만 출전할 수 있는 대회잖아."

"그래, 우린 끼워 주지도 않는다고."

"이번에는 우리들 같은 아마추어 팀에게도 기회를 준다는데요! 게다가 1등을 하면 상금도 주고, 무엇보다도 고공맨이 될 수 있다는 거~!"

"그게 정말이야? 고공맨이라고? 우아~!"

고공맨이란 낙하산 쇼를 하는 사람들이 평생 이루고 싶어하는 꿈과 같은 영예였다.

"다들 우리가 1등 할 거라고 그러던걸요! 드디어 우리에게도 기회가 온 거예요. 하하하~!"

그 말을 듣고 독수리 팀 리더인 강산 씨가 말했다.

"그래, 반드시 1등을 하자! 당장 맹훈련에 들어가야겠어."

독수리 팀은 여덟 명으로 이루어진 낙하산 쇼 팀이었다. 그들은 각종 행사에 활발하게 참가해 이미 언더그라운드에서는 명성이 자자했다. 나하늘 씨는 독수리 팀의 막내였다.

"이번 대회는 한 번뿐인 기회야. 1등 하지 못하면 팀을 해체해야 할지도 몰라. 대회는 1주일 남았다. 모두들 최선을 다하자! 알 겠지?"

"네~!"

팀원들 모두 한껏 들떠서 대답했다.

팀원들은 밥 먹고 화장실 갈 때를 빼고는 1주일 내내 쇼 연습에 열중했다.

드디어 대회날이 되었다.

독수리 팀은 동그랗게 원을 만들어 승리를 다짐했다.

"지금까지 정말 잘 해 왔어. 오늘 쇼만 성공하면 우리도 드디어 프로가 되는 거야. 참~ 하늘아, 오늘은 네가 맨 먼저 뛰어내려!"

"네? 제가요?"

"그래, 너도 실력을 쌓을 만큼 쌓았으니까 오늘 주인공이 되어 보렴."

"정말요? 감사합니다!"

대회장은 수많은 사람들로 북적였고, 대회 오프닝으로 프로 선수들이 멋진 쇼를 선보였다. 독수리 팀 팀원들은 긴장한 탓인지 공연은 볼 생각도 못 하고 모두들 눈을 감고 행운을 빌었다.

오프닝 쇼가 끝나고 대회장 안에 안내 방송이 울려 퍼졌다.

"이제 곧 대회가 시작될 예정이니 대회에 참가하는 팀들은 준비를 마쳐 주시기 바랍니다."

"자~ 모두 힘내자!"

독수리 팀은 맨 마지막 차례였다. 다른 팀들의 쇼를 지켜보던 독수리 팀은 점점 승리를 확신했다.

"저 정도 수준이면 우리 팀이 반드시 이긴다!"

"정말 우리 팀이라서가 아니라, 우리가 1등 할 것 같아요~."

"대회 끝나고 맛있는 거 먹으러 가요!"

"당연하지. 난 배 터지게 먹어 줄 거야!"

팀원들은 우스갯소리를 하며 경비행기에 올랐다. 그러나 고도가 높아질수록 웃음은 사라지고 긴장감이 감돌았다.

나하늘 씨는 불안함에 온몸이 덜덜 떨렸다.

"저기…… 강산이 형…… 저…… 두 번째로 뛰면 안 될까요? 너무 긴장이 돼서요."

"나하늘~ 넌 할 수 있어! 자신감을 갖고~ 아자!"

"근데 도저히 못 하겠어요."

"뭐? 이제 와서 뭘 못 하겠다는 거야? 얼른 준비해!"

"저……."

나하늘 씨는 울상을 지으며 심호흡을 크게 서너 번 한 다음 뛰어내릴 준비를 했다. 셋, 둘, 하나!

너무 긴장한 나머지 하늘 씨는 양팔을 펼치는 걸 깜빡했다. 그렇게 빠른 속도로 낙하하다 보니 다음 사람과 손을 잡지 못했고, 나머지 팀원 일곱 명만 손을 잡고 쇼를 진행했다. 여덟 명이 동그란 원을 만드는 고공 쇼의 하이라이트는 엉망이 되고 말았다. 대회가 끝나고 팀원들은 고개를 푹 숙인 채 망연자실했다.

결과는 불 보듯 뻔했다. 독수리 팀은 아무런 상도 받지 못했다. 아니, 상은커녕 그동안 쌓아 놓았던 팀의 이미지만 나빠지고 말았다. 대회가 끝나자 독수리 팀을 지원하던 후원자들도 하나 둘 지원을 끊기 시작했고, 결국 팀은 해체 위기를 맞게 되었다.

독수리 팀 팀원들은 이를 수습하려고 생각 끝에 나하늘 씨를 물리법정에 고소했다.

"나하늘~ 네가 제대로만 했어도 우리 팀이 승리했을 거야! 너 때문에 우리 팀이 이렇게 망했어. 네가 책임져야 해!"

나하늘 씨는 의아해하며 물었다.

"도대체 제가 뭘 잘못했다고…… 팔을 조금 늦게 벌렸다고 이러시는 거예요……?"

해체 위기에 놓인 독수리 팀 팀원들은 무거운 마음을 안고 법정에 들어섰다. 이 사건이 어떤 판결을 받을지 궁금해하는 사람들이 법정으로 몰려들었다.

낙하할 때 팔을 벌리면 공기 저항을 많이 받게 되고,
이때 공기는 낙하하는 사람을 떠받치는 역할을 합니다.

🧑 자, 모두 조용히 하세요. 재판을 시작하겠
습니다. 피고 측 변론을 시작하세요.

🧑 나하늘 씨가 두 번째로 뛰어내리고 싶다고
말했는데도 강산 씨는 들어주지 않았습니다. 먼저 뛰어내리
면 당연히 먼저 떨어지는 걸 어쩌란 말입니까? 새처럼 날개
가 있는 것도 아니고…… 참. ……어쨌든 하늘 씨는 잘못이
없습니다.

🧑 그럼 날개가 없으니까 낙하산 쇼 자체가 아예 불가능하겠네
요. 그리고 먼저 뛰어내린 사람이 먼저 내려갈 수밖에 없다면
다른 사람들은 어떻게 손을 잡았을까요?

🧑 그건…… 저…… 몽땅 함께 뛰어내렸겠죠.

🧑 피고 측 변호사, 그건 어째 엉터리인 것 같군요. 원고 측 변론
을 들어 보고 판단하도록 하겠습니다.

🧑 독수리 팀은 이 대회를 위해 맹훈련을 했고, 나하늘 씨 또한
낙하산 쇼를 잘 할 수 있었습니다. 그러나 나하늘 씨가 팔을
너무 늦게 펼치는 바람에 팀원들과 손을 잡지 못했지요. 팔을
늦게 펼친 게 어떤 영향을 끼쳤는지 공기응용연구소 공저항

박사님을 모시고 설명 듣겠습니다.

지난번 기상 캐스터 사건 때 모셨던 증인이군요. 어서 나오세요.

박사님, 낙하를 할 때 팔은 왜 벌리는 겁니까?

사람이 낙하할 때 팔을 모으고 있으면 굉장히 빨리 떨어집니다. 그렇지만 팔을 벌리면 그 차이가 확연히 날 만큼 천천히 낙하하게 되지요. 그 이유는 팔을 벌릴 경우 공기 저항을 많이 받게 되고, 공기는 떨어지는 사람을 떠받치는 역할을 하게 됩니다. 먼저 떨어지는 사람이 팔을 빨리 펼치면 조금 천천히 떨어지게 되고 뒤에 떨어지는 사람은 팔을 좀 더 오므리고 있다가 펼치면 위치가 비슷해져서 서로 손을 잡을 수 있는 겁니다.

그럼 나하늘 씨가 팔을 펼치지 않아 아래로 빨리 떨어진 거군요. 그 결과 손을 잡을 수 없게 된 거고요?

그렇습니다.

스카이다이버의 끝 속도

스카이다이버가 낙하산을 펼치기 직전의 끝 속도는 시속 200킬로미터 정도이다. 스카이다이버는 몸의 위치를 바꾸어서 끝 속도를 조절한다. 이때 공중을 날아다니는 하늘다람쥐처럼 몸을 활짝 펼치면 공기 저항을 많이 받게 되어 끝 속도를 줄일 수 있다.

나하늘 씨가 팔만 조금 빨리 펼쳐 주었다면 낙하산 쇼를 멋지게 마무리했을 거란 생각이 들어 무척 아쉽습니다. 이상입니다.

결과적으로 피고 나하늘 씨의 작은 실수가 큰 문제를 일으킨 것이로군요. 나하늘 씨의 실수로 독수리 팀이 해체될 위기에 처했음을 인정합니다. 마땅히 나하늘 씨가 그에 따른 배상을 해야 할 것이나, 그동안 함께 고생하고 노력했던 점을 감안해 너그럽게 감싸안았으면 하는 바람입니다. 그리고 낙하산 쇼는 공기를 이용하는 것이므로 공기 이용에 대해 좀 더 공부해야 한다고 판단됩니다. 앞으로 낙하산 쇼를 하는 사람들에게 안전 교육과 지식 교육을 실시해야 할 것입니다.

중력

이제 우리가 다루는 여러 종류의 힘들에 대해 하나씩 설명해 보겠습니다. 그래야 뉴턴의 운동 법칙을 이용해 재미있는 문제들을 풀 수 있을 테니까요. 앞에서 설명한 것처럼 뉴턴은 사과가 땅에 떨어지는 것을 보고 사과가 어떤 힘을 받는다고 생각했습니다. 그 힘은 사과와 지구 사이에 작용하는 힘으로, '중력' 또는 '만유인력'이라고 불립니다.

어제 보았던 달이 오늘 밤에도 또. 나타납니다. 그건 달이 지구 주위를 돌기 때문입니다. 그렇다면 달은 저 혼자 독자적으로 움직이지 않고 왜 지구 주위를 빙글빙글 돌까요? 그건 달이 지구에서 힘을 받기 때문인데, 그 힘이 바로 달과 지구 사이의 만유인력이랍니다.

이제 만유인력이 무엇인지 좀 더 구체적으로 알아보기로 해요. 만유인력은 질량을 가진 두 물체 사이에 서로를 잡아당기는 힘입니다. 거리가 r이고, 떨어지는 질량이 각각 M과 m인 두 물체 사이의 만유인력은 아래와 같습니다.

$$F = G\frac{Mm}{r^2}$$

여기서 $G=6.6\times10^{-11}(N \cdot m^2/kg^2)$으로 주어지는 상수이며, 이를 '뉴턴 상수' 또는 '중력 상수'라고 합니다.

공식에 따르면 두 물체 사이의 거리가 작을수록 만유인력은 커집니다. 또 두 물체의 질량이 클수록 만유인력은 커집니다. 그렇다면 두 물체 사이의 거리가 0이 되면 물체들 사이의 만유인력은 무한대가 되겠군요. 그런데 과연 그런 일이 가능할까요? 물론 불가능합니다. 그 이유는 물체가 일정한 크기를 가지기 때문입니다.

예를 들어 사과가 지표에 놓여 있다고 해 봅시다. 사과와 지구가 이렇게 서로 맞대고 있을 때 사과와 지구 사이의 거리가 0일까요? 그렇지 않습니다. 물체와 물체 사이의 거리는 두 물체의 무게중심과 무게중심 사이의 거리니까요. 따라서 지구의 중심과 사과의 중심까지의 거리가 사과와 지구의 만유인력을 계산할 때의 거리가 되는 것입니다.

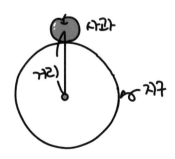

사과와 물체와의 만유인력도 작용 반작용의 법칙을 만족시킵니다. 그러니까 지구가 사과를 당기는 힘을 '작용'이라고 하면 사과가 지구를 당기는 힘이 '반작용'인 것이지요.

이 두 힘은 크기가 같은데 왜 사과만 지구로 떨어지고 지구는 사과 쪽으로 떨어지지 않을까요? 그건 지구가 사과에 비해 무척 무겁기 때문입니다.

(사과가 받는 힘)=(사과의 질량)×(사과의 가속도)
(지구가 받는 힘)=(지구의 질량)×(지구의 가속도)

두 힘이 같으므로,

(사과의 질량)×(사과의 가속도)=(지구의 질량)×(지구의 가속도)

그런데 지구의 질량이 사과의 질량에 비해 너무 크니까 지구가 움직이는 가속도는 아주아주 작아서 지구는 사과 쪽으로 거의 움직이지 않는 거예요. 그러므로 지구의 움직임은 무시하고 사과의 운동만 생각하는 것입니다.

　지금까지 만유인력이라는 말과 중력이라는 말을 함께 사용했습니다. 그 둘의 차이는 뭘까요? 여러분은 지구라는 행성에서 살고 있습니다. 그러니까 여러분의 질량과 지구의 질량 사이의 만유인력 때문에 여러분이 지구에 붙어 있을 수 있는 것이지요. 그것은 바로 지구가 여러분을 당기는 힘(지구와 여러분 사이의 만유인력) 때문인데, 그 힘은 여러분의 무게중심과 지구의 중심을 연결한 직선에서 지구의 중심으로 향하는 방향이랍니다. 그러니까 어느 곳에 있든, 지구 중심 방향으로 중력을 받습니다. 이러한 이유로 지구가 빙글빙글 돌아도 여러분이 지구에서 떨어지지 않는 것이랍니다.

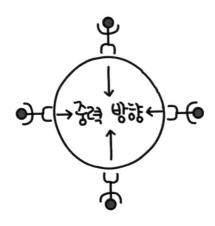

 물론 그 힘은 여러분의 질량과 지구의 질량의 곱에 비례하고, 여러분과 지구 사이의 거리의 제곱에 반비례합니다. 이때 여러분과 지구는 거의 지구의 반지름만큼 떨어져 있습니다.

 하지만 여러분이 다른 행성에서 산다고 가정하면 그 행성은 지구와 질량도 반지름도 다를 테니 그 행성이 여러분을 당기는 힘도 지구와는 다를 것입니다. 이렇게 행성에 따라 행성이 물체를 당기는 힘이 다른데, 그 힘을 그 행성에서의 중력이라고 부릅니다.

 예를 들어 여러분이 달에 산다면 달이 여러분을 당기는 힘은 지구가 여러분을 당기는 힘의 $\frac{1}{6}$ 정도로 작습니다. 그러니까 달에서 여러분은 더 작은 중력을 받으며 살게 된다는 뜻입니다.

 그렇다면 지구에서 여러분이 받는 중력의 크기는 얼마나 될까요? 여러분이 지구에서 움직일 때 지구의 반지름 6400킬로미터에 비하면 연직 방향(중력의 방향)으로 아주 짧은 거리를 움직일 것입니다. 그러니까 여러분과 지구 사이의 거리는 거의 지구의 반지름과 같아집니다. 그럼 지구에서의 중력은 아래와 같습니다.

$$G \times \frac{(\text{여러분의 질량}) \times (\text{지구의 질량})}{(\text{지구 반지름})^2}$$

이 공식에 지구의 질량과 지구의 반지름을 넣으면 지구의 중력은 여러분의 질량과 9.8m/s²의 곱이 됩니다. 이때 $g = 9.8m/s^2$이라고 쓰는데, 이는 지구의 중력 때문에 물체에 생기는 가속도이므로 지구의 '중력 가속도'라고 부릅니다. 그러니까 질량이 m인 물체는 지표 근처에서 항상 $F = mg$라는 일정한 크기의 중력을 받습니다.

물체는 왜 떨어질까요? 그건 바로 물체가 중력을 받기 때문입니다. 힘은 물체를 가속시키지요? 중력 때문에 생기는 물체의 가속도를 a라고 하면 $ma = mg$니까 물체의 가속도 a는 바로 중력 가속도 g입니다. 그러니까 떨어지는 물체의 운동은 g라는 가속도를 가진 등가속도 운동입니다. 이때 가속도의 방향은 바로 지구 중심을 향하니까 연직 아래 방향이 됩니다.

무게

이번에는 무게에 대해 알아볼까요? 우리는 흔히 무게와 질량을 혼동해서 사용합니다. 무게를 정확하게 정의하면 다음과 같습니다.

● 무게란 어떤 행성이 물체를 잡아당기는 힘(만유인력)이다.

이 정의에서 보듯, 무게는 힘이므로 질량과는 다르지요. 질량의 단위는 킬로그램(kg)이지만 무게의 단위는 N이므로 1킬로그램의 물체는 지구 표면에서 $1kg \times 9.8m/s^2 = 9.8kg \cdot m/s^2$이라는 힘을 받습니다. 여기에서 $kg \cdot m/s^2$이 바로 힘의 단위인 N이랍니다.

● $1N = 1kg \cdot m/s^2$

그러니까 1킬로그램인 물체의 무게는 9.8N이고 2킬로그램의 물체의 무게는 9.8N의 두 배인 19.6N입니다. 이렇게 지구에서 물체의 무게는 물체의 질량에 9.8을 곱한 값이니까 질량이 클수록 무게가 커집니다.

다른 행성에서는 중력이 어떻게 될까요? 1킬로그램짜리 물체의 질량은 지구에서나 달에서나 모두 1킬로그램 그대로입니다. 즉 질량은 장소에 따라 달라지지 않습니다. 하지만 무게는 다르지요. 달이 물체를 당기는 만유인력이 지구가 물체를 당기는 만유인력의

$\dfrac{1}{6}$이니까 달에서 물체의 무게는 지구에서 물체의 무게의 $\dfrac{1}{6}$이 됩니다. 즉 지구에서 무게가 60N인 물체는 달에서는 10N의 무게가 됩니다. 이렇게 물체의 무게는 장소에 따라 달라질 수 있습니다.

일반적으로 질량이 m인 물체의 지구에서의 무게를 W라고 하면 아래와 같이 나타낼 수 있습니다.

$$W = mg$$

공기 저항력

낙하하는 물체의 속도는 시간에 비례해서 빨라집니다. 그렇다면 아주 높은 곳에서 내려오는 빗방울은 엄청나게 큰 속도로 땅에 떨어져야 합니다. 그렇게 빠른 속도로 떨어지는 빗방울을 머리에 맞으면 아파야 하는데 왜 비를 맞아 아프다는 사람은 없을까요? 그것은 바로 공기 저항 때문입니다.

지구는 대기로 뒤덮여 있습니다. 대기란 공기 분자들이 움직이는 것을 말합니다. 물체는 떨어지면서 공기 분자들과 충돌하는데, 이때 공기 분자들이 물체에 작용하는 힘을 '공기 저항력' 이라고 합니다. 이 힘은 지구가 물체를 잡아당기는 중력과 반대 방향으로 작용합니다. 마치 당구대 위에서 움직이는 당구공의 운동을 방해하는 마찰력처럼 말입니다.

보통 물체가 빠를수록 공기 저항을 많이 받습니다. 물체의 속도가 v일 때 공기 저항은 $-Kv$입니다. 물체가 받는 합력은 중력(물체의 무게)과 공기 저항의 합이므로 중력의 방향을 $+$방향이라고 하면 공기 저항의 방향은 $-$방향이니까 무게가 W인 물체가 떨어질 때 받는 합력을 F라고 하고 할 때 $F = W - Kv$가 됩니다.

물체는 낙하하면서 공기 저항을 점점 많이 받아 나중에는 합력이 0이 되는 상황에 이를 것입니다. 그러면 뉴턴 제1법칙에 따라 물체의 속도가 일정해지는데, 이를 물체의 '끝 속도'라고 부릅니다. 끝 속도를 v_t라고 하면, $0 = W - Kv_t$에서 $v_t = \dfrac{W}{K}$이므로 질량이 클수록 끝 속도가 커지게 됩니다.

여기서 K를 '공기 저항 계수'라고 부르는데, 이는 물체가 공기 저항을 많이 받느냐 적게 받느냐를 나타내는 계수입니다. 일반적으로 물체가 공기와 닿는 넓이가 클수록 공기 저항계수가 커져 끝 속도는 작아집니다. 이러한 원리를 이용한 것이 바로 낙하산입니다. 낙하산은 사람이 그냥 떨어지는 경우보다 공기 저항을 더 많이 받게 해서 끝 속도를 작게 하는 역할을 합니다.

제8장

관성력과 그 밖의 사건들

무게중심을
잘 잡아야 해.

이것도
무응까다?

엘리베이터 안의 체중계

관성력이 무게를 변화시킬 수 있을까요?

항공사 스튜어디스 채중경 씨는 요즘 몸무게가 부쩍 늘어 고민이다. 채중경 씨는 직장 동료인 나호리 씨를 볼 때마다 자기 자신이 더욱 비참하게 느껴졌다. 나호리 씨는 귀엽게 생긴 얼굴에 몸매까지 날씬해서 항공사 인기녀로 통했다.

채중경 씨는 같은 항공사에 일하는 한모 씨를 짝사랑해 왔다. 한모 씨는 미남형 얼굴이었다. 게다가 성격까지 서글서글해서 항공사 여러 여승무원들에게 호감을 샀다.

채중경 씨가 다른 여승무원들처럼 처음부터 한모 씨를 사모했던 것은 아니다. 채중경 씨는 한모 씨를 '느끼남' 또는 '왕재수'로 정의 내리고 거들떠보지도 않았다.

그런데 비 내리던 어느 날, 채중경 씨가 우산을 쓰고 빗속을 걷고 있을 때 사랑이 싹텄던 것이다.

"어이쿠! 중경 씨!"

채중경 씨의 우산 속으로 한모 씨가 뛰어들었다.

"어머? 뭐예요?!"

깜짝 놀란 채중경 씨가 한모 씨를 보고 소리쳤다.

"아, 놀라게 해서 미안해요. 비가 올지 모르고 우산을 안 가져왔거든요. 저기서 비를 피하고 있는데 중경 씨가 보이기에…… 아! 우산 이리 주세요. 가방도요. 제가 들어 드릴게요."

한모 씨는 중경 씨의 손에서 우산과 가방을 뺏어 들었다. 둘은 그렇게 함께 우산을 쓰고 걸어갔다. 채중경 씨는 처음 받아 보는 남자의 사소한 배려에 그만 홀딱 넘어가고 말았다. 한모 씨의 짙은 눈썹을 바라보던 채중경 씨는 결국 꿈에서도 한모 씨를 그리는 짝사랑에 빠져들었다.

오전 비행이 있었던 채중경 씨는 아침 일찍 공항에 도착했다. 그런데 공항으로 들어서자 이상하게 깨소금 볶는 냄새가 솔솔 풍겨 왔다.

"모 선배님은 농담도 잘 하셔! 호호호!"

"진심으로 물어 보는 거야! 와~ 어떻게 하면 호리처럼 머릿결이 좋아질 수 있는 거지?"

한모 씨와 나호리 씨가 키득거리며 농담을 주고받고 있었던 것이다.

한참 대화에 빠져 있던 한모 씨와 나호리 씨가 자기들을 지켜보고 있는 채중경 씨를 발견했다.

"어? 중경 씨!"

한모 씨가 채중경 씨에게 반갑게 손을 흔들었다.

"아, 네에……."

채중경 씨는 어색하게 한모 씨의 인사를 받았다.

"중경 씨 왔어?"

나호리 씨가 떨떠름한 표정으로 아는 체를 했다. 셋은 완벽한 삼각 구도를 그리고 있었다.

"모 선배님, 오늘 비행 끝나고 영화 보러 가요! 네?"

나호리 씨는 한모 씨 옆에 찰싹 달라붙어 앙탈을 부렸다.

'으, 안 돼, 안 돼, 안 돼……!'

그 말을 듣고서 마음속으로 안 된다는 말을 거듭 외치던 채중경 씨는 결국, '안 돼!'라고 소리치고 말았다.

"네?"

한모 씨가 깜짝 놀라며 채중경 씨를 쳐다보았다. 당황한 채중경 씨는 어쩔 줄 몰라 하며 떠듬거렸다.

"아, 아니, 오늘 비행은 안 된다고요."

"네?"

한모 씨가 다시 어리둥절한 얼굴로 채중경 씨를 쳐다보았다.

"그러니까…… 아! 제가 오늘 몸이 안 좋아서 비행을 못 할 것 같다고요. 집에 가서 쉴게요."

컨디션이 극도로 악화된 채중경 씨는 터벅터벅 공항을 빠져 나와 집으로 향했다.

"악! 도대체 나 왜 그런 거니! 엉엉~ 앞으로 한모 선배님 얼굴을 어떻게 본담?"

채중경 씨는 머리를 쥐어뜯었다.

"그래! 한모 선배님을 저 여우 같은 나호리에게 빼앗길 순 없어! 본격적으로 다이어트를 시작해야지!"

채중경 씨는 집으로 향하던 발걸음을 헬스클럽으로 돌렸다. 그녀는 헬스클럽에 회원 등록을 하고서 정말 열심히 운동했다. 한 달 뒤, 채중경 씨는 나호리 씨에 버금가는 날씬한 몸매를 뽐내게 되었다.

"채중경 씨, 요즘 무리하는 거 아니에요? 얼굴이 핼쑥한데? 살이 너무 많이 빠진 거 같아요."

오랜만에 채중경 씨를 보는 한모 씨가 안타까워했다.

"살이 빠지긴요. 그대로예요, 선배님."

20킬로그램 감량에 성공한 채중경 씨는 시치미를 뚝 떼고 원래 그 몸매였던 것처럼 말했다.

"그랬나……?"

한모 씨가 머리를 긁적거렸다.

"그런데 한모 선배님, 오늘 비행 끝나고 시간 어떠세요?"

몸매에 자신감이 생긴 채중경 씨는 용기를 내어 한모 씨에게 당당히 데이트 신청을 할 생각이었다.

"오늘 저녁? 별일 없는데, 왜요……?"

채중경 씨는 속으로는 쾌재를 부르며, 겉으론 덤덤한 척 말했다.

"심심해서 그러는데, 영화나 한 편 보실래요? 뭐, 싫으면 관두시고요."

채중경 씨는 한모 씨에게 선택할 여지를 주는 여유까지 부렸다. 채중경 씨의 예상대로 한모 씨는 데이트 신청을 흔쾌히 받아들였다.

채중경 씨와 한모 씨는 비행을 마치고 약속대로 영화관에 갔다. 이번에 새로 개봉한 〈개봉박두〉를 보러 온 사람들로 영화관은 발 디딜 틈이 없었다.

"중경 씨, 우리도 〈개봉박두〉 볼까요?"

"네, 좋아요!"

채중경 씨는 고개를 끄덕이고는 속으로 이렇게 중얼거렸다.

'개봉 박두면 어떻고, 폐봉 박두면 어떠냐! 난 아무래도 좋단 말이다! 하하하.'

영화를 보고 난 채중경 씨와 한모 씨는 예전보다 조금 더 가까워진 듯했다. 서로 웃으며 이야기하고 장난치는 모습이 마치 오랜 연인 같았다. 둘은 영화관을 빠져 나와 할인 마트로 들어갔다.

"할인 마트에는 정말 구경할 것들이 많아요! 운 좋으면 내가 원하던 제품을 거의 반값에 살 수도 있고요!"

채중경 씨가 들뜬 목소리로 말했다.

"맞아요, 하하하! 그래서 나도 할인 마트에 자주 오는데!"

한모 씨가 맞장구를 쳤다. 둘은 정말 죽이 잘 맞는 것처럼 보였다.

"어? 저기 체중계가 50퍼센트 세일이네?"

채중경 씨가 특별 할인 행사 중인 체중계를 발견하고 소리쳤다.

"악! 저거 내가 사고 싶었던 체중계예요! 전자 체중계!"

채중경 씨는 한모 씨의 손을 잡아끌었다. 뛰다시피 체중계 판매대로 다가간 채중경 씨는 체중계를 집어 들고 이리저리 살펴보느라 정신이 없었다. 그 사이 한모 씨는 계산대로 가서 체중계 값을 치렀다.

"중경 씨, 이건 우리가 친해진 기념으로 내가 주는 선물이에요."

한모 씨가 채중경 씨에게 체중계를 건넸다.

"어머? 고마워요, 한모 선배님!"

채중경 씨는 뛸 듯이 좋아했다.

"이제 선배라고 부르지 마요."

"네? 그럼 뭐라 부르죠?"

채중경 씨가 수줍게 물었다.

"오빠? 하하하!"

"호호호."

둘은 기분 좋게 웃으며 맨 위층 음식 코너로 가려고 엘리베이터에 올랐다. 마침 엘리베이터에는 아무도 타고 있지 않았다.

"중경 씨, 아무도 없는데 체중계에 한번 올라서 보지 그래요. 불량품일지도 모르잖아요."

한모 씨가 체중계의 성능을 시험해 보자고 했다.

채중경 씨는 잠시 갈등했다.

'어쩌지? 뭐 어때, 20킬로그램이나 뺐는데! 당당하게 올라서는 거야!'

채중경 씨는 엘리베이터 바닥에 체중계를 놓고 그 위로 올라섰다. 어라? 이게 웬일? 틀림없이 80킬로그램에서 20킬로그램을 감량해서 60킬로그램밖에 나가지 않았는데, 체중계는 80킬로그램을 가리켰던 것이다! 당황한 채중경 씨는 체중계를 마구 두드려 댔다.

"이게 왜 이러지? 호호……."

채중경 씨는 어색하게 웃었다. 한모 씨도 민망하고 당황스럽긴 마찬가지였다.

체중계 하나 때문에 화기애애했던 두 사람의 분위기는 급랭되었다. 결국 둘은 어색하게 인사를 나누고는 헤어졌다. 다음 날 공항에서 만나서도 서먹하기만 했다.

채중경 씨는 이번 일을 도저히 그냥 넘길 수가 없었다. 먼저 할인 마트에 가서 엉터리 체중계를 판매했으니 환불을 해 달라고 요

구했다. 그러나 체중계 판매원은 체중계에는 이상이 없다며 환불을 거부했다. 엉터리 체중계를 판매한 것도 모자라 환불도 해 주지 않겠다니! 채중경 씨는 결국 체중계 판매자를 물리법정에 고소했다.

엘리베이터의 가속도만큼 내부에 타고 있는 사람도 가속도로 움직입니다. 그 가속도에 사람의 질량을 곱하면 관성력이 되는데, 이 힘은 엘리베이터가 가속되는 반대 방향으로 작용합니다.

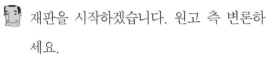

몸무게를 20킬로그램이나 줄였는데 다이어트 전과 똑같다면 정말 체중계가 고장난 걸까요?
물리법정에서 알아봅시다.

재판을 시작하겠습니다. 원고 측 변론하세요.

할인 마트는 고장난 체중계를 팔았습니다. 이건 있을 수 없는 일입니다. 당연히 환불을 해 줘야지요.

고장난 게 확실합니까? 할인 마트에선 체중계에 이상이 없다고 한 것 같은데요.

고장이 나지 않았다면 어째서 채중경 씨의 몸무게가 80킬로그램으로 나타나는 거죠? 실제로 몸무게를 20킬로그램 줄였으니 60킬로그램이 되어야지요. 체중계가 정상이라면 절대 그럴 수 없잖습니까?

음…… 물치 변호사, 아무리 그래도 아가씨 몸무게를 직접적으로 언급하면 어쩝니까……?

크크, 그렇긴 하네요.

그럼 피고 측 변론을 듣고 체중계가 정상인데도 그렇게 나올 수 있는지 알아보면 되겠군요. 피고 측 변론하세요.

원고는 체중계를 엘리베이터 안에 놓고 몸무게를 쟀다고 했습니다, 그렇지요? 문제는 여기에 있었습니다. 다시 말해 엘리베이터 안에서 쟀기 때문에 그런 결과가 나온 거예요.

그래요? 그럼 엘리베이터가 이 문제를 해결하는 열쇠가 된단 말입니까?

그렇습니다. 문제 해결을 위해 엘리베이트과학관을 운영하고 있는 이빌딩 씨를 모셔서 설명을 듣겠습니다.

증인석으로 모시도록 하세요.

직사각형 얼굴에 머리 길이를 맞추어 자른 여자가 증인석에 앉아 피즈 변호사의 질문을 기다렸다.

엘리베이터가 올라가고 내려오고 할 때 몸무게가 달라질 수 있습니까?

네. 달라집니다. 그런데 엘리베이터가 정지해 있거나 일정한 속도로 움직이는 것이 아니라 속도가 증가하거나 감소하는 경우라야 합니다. 속도가 변화하는 정도를 '가속도'라고 하는데, 가속도에 따라 체중계에 나타나는 값이 달라집니다.

그럼 몸무게를 잴 당시 엘리베이터는 감속 또는 가속되는 상황이었겠네요. 그런데 어떤 원리로 달라지는 거죠?

엘리베이터의 가속도만큼 내부에 타고 있는 사람도 가속도로 움직이게 되겠죠. 그 가속도에 사람의 질량을 곱하면 관성력이 되는데, 이 힘은 엘리베이터가 가속되는 반대 방향으로 작

용합니다. 만약 엘리베이터가 위쪽으로 가속하면 관성력은 아래 방향으로 작용하게 되고, 체중계에는 실제 몸무게와 관성력을 합한 값이 나타나게 됩니다. 채중경 씨가 이 경우에 해당되지요. 엘리베이터가 감속했다면 체중계에 몸무게가 훨씬 작게 나타났을 거예요. 음, 엘리베이터 줄이 끊어졌다고 상상해 보세요. 무중력도 느낄 수가 있습니다, 호호.

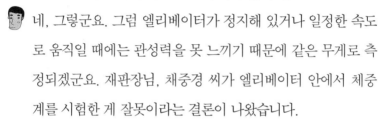 네, 그렇군요. 그럼 엘리베이터가 정지해 있거나 일정한 속도로 움직일 때에는 관성력을 못 느끼기 때문에 같은 무게로 측정되겠군요. 재판장님, 채중경 씨가 엘리베이터 안에서 체중계를 시험한 게 잘못이라는 결론이 나왔습니다.

몸무게를 측정한 장소에 따라 결과가 크게 달라지는군요. 자, 그럼 판결 내리도록 하겠습니다. 체중계에는 이상이 없다고 판단됩니다. 하지만 엘리베이터의 움직임과 관성력의 관계에 대해 모르는 사람들이 많다고 판단되는 바, 앞으로 체중계 이용 방법에 '엘리베이터 안에서는 몸무게를 재지 않는다' 라는 내용을 써 넣도록 하세요.

 중력이 있는 우주 정거장

오늘날의 우주 정거장은 무중력 상태라 우주인들이 둥둥 떠다니는데, 미래의 우주 정거장은 빙글빙글 도는 도넛 모양으로 설계해 원심력이 중력을 만들어 주게 된다. 이때 회전 속도가 클수록 중력이 커지는데, 만일 우주 정거장의 회전 반지름이 작을 때에는 인공 중력을 얻기 위해 빨리 회전해야 하므로 사람의 귀에 무리가 가게 된다. 대략 지구상의 중력과 비슷한 크기의 중력을 얻으면서 귀에 무리가 가지 않게 하려면 우주 정거장의 지름이 2킬로미터 이상은 되어야 한다.

지게꾼의 비밀

위치에너지가 변하면 무게중심도 달라질까요?

30년 평생 지게꾼으로 살아온 지게꾼 인생 김다짐 씨는 오늘도 과학공화국에서 가장 큰 재래시장인 다이써 시장에서 분주히 뛰고 있었다.

"이봐~ 김씨! 그거 다 배달하고 나면 내 생선 상자들도 좀 옮겨 주시게."

"네~ 갑니다. 잠시만 기다려 주십쇼~!"

워낙 역사가 깊은 재래시장이다 보니 다이써 시장의 좁은 길로 는 자동차가 들어설 수도 없었고, 또 길이 포장되어 있지도 않아 서 수레가 지나가기에도 어려움이 많았다. 그래서 이렇게 지게를 짊어지고 다니면서 시장 사람들의 짐을 옮겨 주는 지게꾼들이 있었다.

"지게꾼 일을 하기에는 기력이 딸려 보이는데 용케 아직까지 버티고 있단 말이야."

활기차게 뛰어다니는 김다짐 씨의 뒷모습을 보며 배추 장수 박씨가 중얼거렸다. 그러자 뒤에 있던 과일 가게 아주머니가 얼른 거들고 나섰다.

"그러게요. 지난번 우리 가게에 사과 상자 나를 때도 젊은 지게꾼들은 다 한 상자씩 나르는데 글쎄, 김씨 혼자서 세 상자씩 짊어지고 나르던데요."

옆에서 '뻥~' 하는 소리와 함께 뻥튀기를 튀기던 뻥튀기 장수 장씨도 한 마디 덧붙였다.

"어디 힘만 좋은가! 발도 빨라서 다른 지게꾼들이 하루 종일 하는 일들이 김다짐 저 친구가 맡으면 한 시간이면 끝난당께."

말이 끝나기 무섭게 김다짐 씨가 생선 가게로 들어섰다. 그러고는 지게에 생선 상자를 다섯 개씩 싣고는 빠른 걸음으로 짐을 옮기기 시작했다.

"아직도 저렇게 기력이 팔팔하니 젊었을 땐 오죽했겠어."

일 잘 하고 성실한 김다짐 씨는 이렇게 시장 사람들 사이에서 평판이 무척 좋았다. 그래서 시장에서 장사를 하는 사람들은 웬만하면 김다짐 씨에게 짐 나르는 일을 맡겼고, 김다짐 씨가 아닌 다른 지게꾼은 쓰지 않겠다는 사람까지 있었다. 덕분에 김다짐 씨는 더욱더 바빠지게 되었고, 시장에서는 바삐 뛰어다니는 김다짐 씨를 심심치 않게 볼 수 있었다.

하지만 바쁜 김다짐 씨를 보며 눈살을 찌푸리는 사람들도 있었다. 바로 시장의 다른 지게꾼들이었다. 그도 그럴 것이 짐 나르는 일거리는 크게 늘어나거나 줄어들지 않고 일정해서 김다짐 씨가 바빠질수록 자연히 다른 지게꾼들은 점점 일거리가 줄어들었던 것이다.

일거리가 없는 지게꾼들이 한쪽 구석에 모여 애꿎은 지게만 만지작거리고 있었다.

"김씨 때문에 오늘도 일 하나 못했네그려."

"이런, 다 같이 먹고 살아야지, 자기 혼자 저렇게 다 해 버리면 우리는 어떻게 살란 말이야?"

들어온 지 얼마 안 된 신참 지게꾼인 젊은이가 물었다.

"저 아저씬 어떻게 저렇게 짐을 잘 옮긴데요?"

턱수염이 거뭇거뭇한 사내가 퉁명스럽게 대꾸했다.

"우리가 알 수 있나. 보기엔 그냥 남들 하는 대로 똑같이 하는데도 원체 힘이 좋은지 어쩐지…… 하여간 타고난 지게꾼이야, 저 사람은."

"에이~ 타고나는 게 어디 있어요. 다 뭔가 비법이 있겠지요."

다른 지게꾼 하나가 콧방귀를 뀌었다.

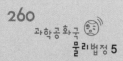

"비법? 홍, 안 그래도 나도 그 생각을 하고서 김다짐이 저 친구한테 물어 보지 않았겠어?"

순간 다른 지게꾼들도 눈을 동그랗게 뜨고 고개를 돌려 그 지게꾼을 쳐다보았다.

"뭐라고 그러던가요?"

젊은 지게꾼이 침을 꼴깍 소리나게 삼키며 물었다.

"비밀은……."

"그래, 비밀은?"

다들 그 지게꾼의 다음 말을 애타게 기다렸다.

"무게중심인지 뭔지 거기에 있다더군."

그러자 모든 지게꾼들이 맥이 빠진 듯 말했다.

"그게 뭐예요. 그냥 아무렇게나 둘러댄 거 아닐까요? 지게 짐 지는데 무게중심이니 그런 게 뭐 필요하겠어요, 안 그래요?"

"그러게. 그래도 본인이 그렇게 말하는데 어쩌겠는가? 나도 그냥 화만 버럭 내고 돌아섰지 뭐."

"가르쳐 주기 싫으니깐 괜히 말 돌린 거 아녀?"

턱수염 지게꾼이 툴툴거렸다.

"모르죠 뭐. 짐을 살짝 다른 곳으로 빼돌려서 가볍게 만들어 가지고 더 빨리 옮기는 걸지도……."

젊은 지게꾼이 무심하게 한 마디 내뱉었다. 그런데 그 말을 들은 비쩍 마른 지게꾼 최씨가 고개를 갸웃거리며 말했다.

"아! 그러고 보니 얼마 전에 나랑 같이 짐을 옮길 때 김씨가 상자에 있던 물건을 꺼내 놓더라고. 다른 상자로 옮길 거라고 말하긴 했지만, 자네 말을 듣고 보니 왠지 수상한걸……."

그러자 다른 지게꾼들이 흥분하며 벌떡 일어섰다.

"뭐야? 그런 일이 있었어?"

"그렇다면 정말로 수상한 냄새가 나는데……."

지게꾼들은 수군거리며 김다짐 씨를 의심하기 시작했다. 그리고 결국은 물리법정에 사건을 의뢰하게 되었다.

무게중심이란 물체의 각 부분에 작용하는 중력의
합력 작용점입니다. 무게중심이 물체 받침점의
수직선상에, 그리고 물체의 아랫부분에 놓이면
안정이 되어 쓰러지지 않습니다.

여기는 물리법정

김다짐 씨는 어떤 방법으로 무거운 짐들을 한 번에 많이 옮길 수 있었을까요?
물리법정에서 알아봅시다.

 원고 측 변론하세요.

 존경하는 재판장님, 피고 김다짐 씨는 시장에서 장사를 하는 선량한 시민들을 속이고, 거기에다가 교묘한 꾀를 써서 자기만 부당하게 이익을 취했으니 벌을 받아 마땅합니다.

 물치 변호사, 그렇게 뭉뚱그려서 이야기하면 누가 알아듣겠습니까? 하나하나 자세히 말해 보세요.

 자세히 말하고 자시고 할 것도 없다니까요. 그냥 피고가 사람들을 속이고, 상자 안의 물건들을 훔치고, 빈 상자만 옮기는 척했단 거죠. 아니면 무슨 방법으로 다른 사람들보다 몇 배나 무거운 짐들을 더 빨리 나른답니까?

 제가 증명하겠습니다.

 좋습니다. 피고 측 변호사 변론하세요.

 무게연구소의 저중심 박사님을 증인으로 요청합니다.

피즈 변호사가 증인을 요청하고서 뒤이어 아래쪽으로 갈수록 몸통 둘레가 점점 굵어지는 독특한 체형의 박사가

증인석에 앉았다.

 초강력 파워가 없어도 무거운 짐을 잘
나를 수 있는 방법이 있습니까? 있다면
어떤 방법인지 설명해 주십시오.

물론 있습니다. 무게중심을 얼마나 잘
잡느냐에 달려 있지요.

무게중심이요? 들어 본 것 같은데 정확
히 어떤 거죠?

 무게중심이란 물체의 각 부분에 작용하는 중력의 합력의 작
용점입니다. 무게중심이 물체 받침점의 수직선상에, 그리고
물체의 아랫부분에 놓이면 안정이 되어 쓰러지지 않습니다.
그러니 무거운 짐도 잘 지탱할 수 있지요.

김다짐 씨가 무게중심을 잘 이용했다는 말씀이군요. 어떻게
무게중심을 이용한 거죠?

김다짐 씨는 먼저 지게에 빈 상자를 올리고 그 위에 무거운
짐이 든 상자를 놓았어요.

그럼 무게중심이 위로 올라가 불안정해지지 않나요?

물론 그렇죠. 하지만 무게중심이 위로 올라가 있을 때 몸을
기울이면 짐의 위치에너지가 줄어들면서 그것이 짐을 옮기는
데 도움을 줍니다. 따라서 김다짐 씨는 좀 더 쉽게 짐을 운반

할 수 있었던 거지요.

 아하! 그러니까 위치에너지가 줄어든 만큼 짐을 들고 움직이
기가 쉬워지는 거군요.

 그렇습니다.

 짐 옮기는 데도 그런 물리 법칙이 숨어 있었군요. 김다짐 씨
는 이 원리를 무척 잘 활용한 것 같습니다. 김다짐 씨가 물건
을 빼돌린 게 아니라 도리어 더 열심히 일하고 있음이 증명되
었습니다. 열심히 일하는 사람은 그만큼 인정을 받는 것입니
다. 제대로 알지 못하고 의심한 원고들은 반성해야 합니다.

 아주 유용한 정보네요. 무게중심에 대한 내용을 유통 이론 책
에 첨가하도록 하세요. 그리고 원고들은 김다짐 씨에게 무게
중심 제대로 잡는 법을 배워서 운반 효율을 높이도록 하십시
오. 재판을 마치겠습니다.

뉴텅의 최신곡

중력과 만유인력은 어떻게 다를까요?

"뉴텅~ 뉴텅~ 뉴텅~!"

"사랑해요, 뉴……텅!"

SBC방송국 앞에는 수많은 소녀 팬들이 '뉴텅'을 외치며 현수막을 들고 줄지어 서 있었다. 이때 방송국 안으로 까만 밴이 미끄러지듯 들어왔다. 차 문이 열리고 훤칠한 남자 셋이 차례대로 내렸다.

"꺄아악!"

소녀들은 거의 기절할 듯이 소리를 질러 댔다.

"여러분~ 사랑해요!"

차에서 내린 남자 셋 가운데 가장 키가 크고 잘생긴 한 명이 소녀들을 향해 윙크를 했다.

"오빠~~~!"

실제로 몇 명은 그 자리에서 쓰러져 대기하고 있던 구급차에 실려 병원으로 갔다.

"오빠들 더 멋있어졌어요! 와~~~!"

꽃미남 그룹 '뉴텅과 아이들' 은 과학공화국 여학생들의 우상이었다. 리더인 뉴텅뿐만 아니라 탈라스와 스타인 모두 명문대 출신에 인물, 키 모두 완벽한 록 그룹이었다. 그들은 주로 과학과 사랑을 소재로 노래를 만들었는데, 이번에는 2년 만에 2집을 들고 나왔다. 반응은 가히 폭발적이었다.

"이번 주 1위 곡은…… 역시 뉴텅과 아이들이군요! 제목은 〈중력, 그리고 이별〉입니다. 두 번째 앨범이 나온 지 한 달밖에 안 되었는데 벌써 3주 연속 1위입니다. 대단합니다."

'뉴텅과 아이들' 은 앨범 발매와 동시에 모든 가요 프로그램에서 1위를 휩쓸다시피 했다.

"빛나야! 어제 〈인기 뮤직 쇼〉 봤어? '뉴텅과 아이들' 너무 멋지지 않냐? 완전 좋아~!"

"난 이번에 시디를 세 장이나 샀다니까! 가사 짱이야! 벌써 열두 곡 다 외웠어! 특히 타이틀 곡 〈중력, 그리고 이별〉에서 '모든 것을 떨어지게 하는 중력이 미워.' 이 부분이 제일 근사해! 호호호."

초등학교 4학년인 한빛나 양은 '뉴턴과 아이들'의 열성 팬이었다. 그들의 팬클럽인 '러브 뉴턴'의 회원임은 물론이었고, 전국 투어 콘서트와 팬 사인회 등 어디든지 쫓아다녔다.

"나중에 꼭 뉴턴이랑 결혼할 거야! 쌍꺼풀 없는 눈에 푹 파인 보조개! 완전 귀여워!"

"나는 탈라스가 더 멋있더라! 2 대 8 가르마! 딱 내 스타일이야! 암튼 세 명 다 좋아!"

빛나는 '뉴턴과 아이들'의 2집 타이틀 곡인 〈중력, 그리고 이별〉을 흥얼거리며 다녔다. 노래의 가사는 아래와 같았다.

♪ 중력, 그리고 이별 ♫

떨어져 떨어져 모든 것이 떨어져

마지막 잎새도 떨어져 떨어져

사라져 사라져 모든 것이 사라져

마지막 사랑도 사라져 사라져

모든 것을 떨어지게 하는 중력이 미워

잎새를 나무와 헤어지게 하는 중력이 미워

모든 것을 이별로 만드는 인생이 미워

사랑하는 사람과 헤어지게 하는 이별이 미워

워아 뉴텅 앤 보이즈

뉴텅 피직스 업 앤 업 !

만 유 인 력(지구가 잎새를 당겨 당겨)

만 유 인 력(이별이 사랑을 빼앗아 빼앗아)

잎새를 빼앗아 간 만유인력 미워

내 사랑을 빼앗아 간 이별력이 미워

　빛나는 마치 자기가 랩퍼라도 된 것처럼 쉬는 시간만 되면 반 아이들 앞에서 노래를 불렀다. 오늘도 어김없이 빛나는 교실에서 〈중력, 그리고 이별〉을 열창하고 있었다. 그때였다. 과학 선생님이 교실 문을 벌컥 열며 들어왔다. 빛나는 재빨리 아무 일도 없었다는 듯이 자리로 가 앉았다.

　"이 녀석들! 수업 시간에 누가 노래를 부르는 거야? 노래 부른 사람 앞으로 나와!"

　빛나는 머뭇거리다가 자리에서 일어나 앞으로 나갔다.

　"네가 한빛나야?"

　"네에……."

　"네가 노래를 그렇게 잘 한다며? 어디 한번 들어 보자!"

　"와~!"

재치 있는 선생님의 말에 침묵이 흐르던 반 분위기가 한순간 장기 자랑 시간처럼 환해졌다. 여기저기서 웃음과 박수가 터져 나왔다.

"자~ 옆 반 수업에 방해되니까 박수는 치지 말고! 한빛나! 어서 노래해 봐~."

"한빛나! 한빛나! 한빛나!"

아이들이 빛나의 이름을 외쳐 댔다. 빛나는 얼굴이 발그레해져서는 심호흡을 크게 한 다음, 자기가 좋아하는 '뉴턴과 아이들'의 〈중력, 그리고 이별〉을 멋들어지게 불렀다. 반 아이들도 하나 둘 빛나의 노래를 따라 흥얼거리기 시작했다. 결국 반 전체의 합창이 되었다.

노래를 듣고 있던 과학 선생님은 조금 의아하다는 듯이 물었다.

"애들아, 이 노래 누가 부른 거니?"

"꽃미남 그룹 '뉴턴과 아이들'이요!"

누가 먼저랄 것도 없이 아이들이 입을 모아 외쳤다. 마치 '뉴턴과 아이들'의 팬클럽 창단식 현장 같았다.

"이 노래, 이번에 나온 중력…… 뭐라는 건가?"

"〈중력, 그리고 이별〉이에요!"

"한빛나! 이 노래 가사 다 외웠지?"

"당연하죠!"

"자랑이다! 아무튼 이따 가사 적어서 교무실로 가져와! 자, 다들 그만 웃고 떠들고, 이제 수업 시작하자!"

"에이—!"

아이들은 계속해서 놀고 싶은 마음에 방청객처럼 '우~'를 외쳤다. 과학 선생님은 특유의 무서운 표정을 지어 아이들을 제압했다. 수업이 끝나고 빛나는 〈중력, 그리고 이별〉의 가사를 정성껏 적어 교무실로 가져갔다.

"선생님! 아까 가사 적어 오라고 하셔서……."

"음, 그래. 고맙다!"

선생님은 가사를 유심히 읽어 보았다. 그러고는 무릎을 '탁' 쳤다.

"이런! 말도 안 되는 가사를 우리 아이들이 따라 부르고 있다니! 안 되지!"

과학 선생님은 가사가 적힌 종이를 들고 SBC방송국으로 달려갔다.

"이 노래, 방송 금지해 주십시오!"

방송 관계자들은 당황한 얼굴로 선생님을 쳐다보았다.

"무슨 일이신지요?"

"이 노래 가사를 자세히 보면 중력과 만유인력을 같은 뜻으로 사용하고 있습니다. 이는 명백한 오류입니다."

"뭐…… 그냥 노래일 뿐인데 뭘 그리 예민하게 생각하십니까?"

"그냥 노래일 뿐이라니요? 우리 학생들은 이 가사를 모두 외워서 부르고 다닌다고요! 교육상 매우 안 좋습니다. 당장 방송 금지 해 주십시오!"

"'뉴턴과 아이들'은 최고의 아이돌 그룹입니다. 그리고 뭐, 중력이나 만유인력이나 비슷한 '력' 아닙니까? 그게 뭐 큰 문제라고 방송국까지 찾아와서 이 난리입니까? 선생님이신 거 같은데 그냥 학교로 돌아가 주십시오!"

"당신들, 안 되겠네! 정 그렇다면 당장 물리법정에 이 노래를 고소하겠어!"

지구에서 어떤 물체가 받는 중력은 지구가 물체를
잡아당기는 만유인력과 원심력의 합이 됩니다. 그 합은
적도 지방에서는 크고 극지방으로 갈수록 작아지지요.

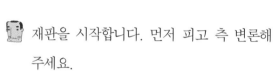

중력과 만유인력은 같을까요? 다를까요?
물리법정에서 알아봅시다.

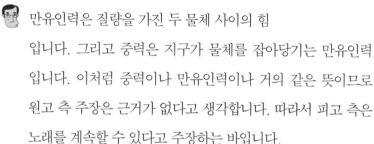

 재판을 시작합니다. 먼저 피고 측 변론해
주세요.

 만유인력은 질량을 가진 두 물체 사이의 힘
입니다. 그리고 중력은 지구가 물체를 잡아당기는 만유인력
입니다. 이처럼 중력이나 만유인력이나 거의 같은 뜻이므로
원고 측 주장은 근거가 없다고 생각합니다. 따라서 피고 측은
노래를 계속할 수 있다고 주장하는 바입니다.

 알겠습니다. 이번에는 원고 측 변론하세요.

 지구중력연구소의 김무게 박사님을 증인으로 요청합니다.

머리를 뽀글뽀글 파마한 덩치 큰 40대 남자가 증인석에
앉았다.

 증인이 하시는 일은 뭐죠?

 지구에서의 중력에 대해 연구하고 있습니다.

 그럼 결론적으로 지구에서 중력과 만유인력이 같습니까?

 결론적으로는 다릅니다.

그 이유는 뭐죠?

 지구는 자전을 하고 있습니다. 즉 지구의 관찰자는 빙글빙글 도는 지구에서 물체를 관측하게 됩니다. 그러므로 원운동을 하는 관찰자가 물체를 볼 때는 원심력이라는 가상의 힘을 도 입해야 합니다. 그런데 이 힘이 지구에서는 위치에 따라 달라 집니다.

 그게 무슨 말씀인가요?

 원심력은 적도 지방에서는 크고, 극지방으로 올라갈수록 작 아집니다.

 원심력이 중력에 영향을 주나요?

 그렇습니다. 지구에서 어떤 물체가 받는 중력은 지구가 물체 를 잡아당기는 만유인력과 원심력의 합이 됩니다. 그 합은 적 도 지방에서는 크고 극지방으로 갈수록 작아지지요.

 그건 중력과 만유인력이 다르다는 뜻이군요.

 그렇습니다.

 판결을 해도 될 것 같은데요, 재판장님!

 원심력과 코리올리 힘

지구는 자전 운동을 하고 있다. 따라서 지구에 있는 관찰자는 정지되어 있지 않으므로 겉보기힘(관성력)을 느끼게 된다. 이때 지구의 관찰자가 느끼는 겉보기힘은 원심력과 코리올리 힘으로, 원심력의 크기는 지구의 자전 속도의 제곱에 비례하고 코리올리 힘은 지구의 자전 속도에 비례한다.

그렇군요. 우리는 지구라는 빙글빙글 도는 공 위에서 살면서 그걸 잘 느끼지 못합니다. 그래서 원심력 같은 가상의 힘을 넣어야 하고요. 아무튼 지구의 각 지점에서는 중력의 크기가 원심력과 지구가 물체를 잡아당기는 만유인력의 크기의 합이므로 중력과 만유인력이 다를 수 있다는 원고 측 주장이 옳다고 판결합니다.

구심력과 원심력

물체가 원운동을 하려면 구심력이 필요하다고 했습니다. 이때 물체가 구심력을 받지 못하면 물체에는 더 이상 힘이 작용하지 않으므로 관성의 법칙에 따라 속도가 변하지 않습니다.

예를 들어 줄에 돌을 매달아 돌리다가 줄이 끊어지면 돌은 더 이상 힘을 받지 않으므로 줄이 끊어지기 직전의 속도의 방향인 원운동의 접선 방향으로 날아가게 됩니다.

구심력을 받지 않아서 물체가 밖으로 밀려나는 현상은 여러 예에서 찾아볼 수 있습니다. 빙글빙글 도는 원판에 물체를 놓고 원판을 빨리 돌리면 물체가 원판 밖으로 밀려납니다.

과학성적 끌어올리기

물체가 원판에 붙어 돌 수 있게 하는 것은 바닥과의 마찰력입니다. 원판을 빠르게 돌리자 원운동을 하지 못하고 바깥으로 밀려났지요? 원판이 빠르게 돌면 원운동을 하는 데 필요한 구심력이 더 커질 것입니다. 하지만 물체와 원판 사이의 마찰력이 빠른 속력에 대한 구심력의 역할을 하지 못하므로 물체가 밖으로 미끄러지는 것입니다.

여기서 여러분은 이렇게 회전하는 물체가 밖으로 밀려나는 것을 보게 됩니다. 이를 두고 흔히 원심력 때문에 물체가 밖으로 밀려났다고 얘기합니다. 하지만 그것은 올바른 표현이 아닙니다. 관찰자인 여러분은 물체가 구심력을 받지 못해 밀려났다고 얘기해야 정확한 표현이 됩니다. 원심력이라는 표현은 원판과 함께 돌고 있는 관찰자만이 사용할 수 있는 단어입니다.

그러므로 스케이트 선수가 커브를 돌다가 미끄러지는 것이나 자동차가 눈 쌓인 커브길을 돌다가 미끄러지는 것도 관찰자 입장에서는 구심력이 사라져서 물체가 원운동을 하지 못한다고 얘기해야 정확합니다.

원심력

그렇다면 원심력은 뭘까요? 이 힘은 원운동을 하는 관찰자가 같이 원운동을 하는 물체들의 움직임을 묘사할 때 억지로 집어넣는 힘입니다. 원판에 사람이 서 있고 그 옆에 커다란 돌멩이를 올려놓고 원판을 돌린다고 해 보죠.

사람은 원판에서 돌고 있는 관찰자이고 우리들은 원판 밖에 정지해 있는 관찰자입니다. 두 사람은 서로 다른 모습으로 돌멩이를 바라보고 있습니다. 원판 밖에 있는 관찰자에게 돌멩이는 원운동을 합니다. 그러니까 우리처럼 정지해 있는 관찰자에게는 돌멩이가 구심력을 받아 원운동을 하는 것으로 보이게 됩니다.

원판에 서 있는 사람에게 돌멩이는 어떤 운동을 할까요? 이때는 아무 운동도 하지 않습니다. 제자리에 정지해 있거든요. 바로 이 점입니다. 돌고 있는 원판에 올라탄 사람의 눈에는 돌멩이가 정지해 있는 것으로 보이게 됩니다. 그렇다면 원판 위에 있는 사람의 기준에서 돌멩이가 받는 힘은 0이 되어야 합니다. 그런데 돌멩이에 작용하는 실제 힘은 원의 중심 방향으로 향하는 구심력뿐입니다. 그래서 원판에 탄 사람은 마치 구심력과 반대 방향이고 크기는 같은 힘이 있다고 여기게 되는데, 그 힘이 바로 원심력입니다. 이처럼 원심력은 실제로 존재하는 힘이 아니지요. 원운동을 하는 관찰자가 임의로 넣은 힘이니까요. 그래서 원심력이라는 단어를 함부로 사용하면 안 됩니다.

원심력이라는 단어를 많이 사용하는 사람으로 스포츠 해설자를 들 수 있습니다. 하지만 쇼트 트랙을 해설하는 사람은 쇼트 트랙 선수와 함께 코너를 돌지 않습니다. 그러니까 선수가 커브를 돌다가 미끄러졌을 때 원심력 때문이라고 말하면 틀린 말이 되지요. 정확하게 말하려면 구심력을 못 받아서 코너를 도는 원운동을 하지 못해 미끄러졌다고 해야 할 것입니다.

물리와 친해지세요

이 책을 쓰면서 좀 고민이 되었습니다. 과연 누구를 위해 이 책을 쓸 것인지 난감했거든요. 처음에는 대학생과 성인을 대상으로 책을 쓰려고 했습니다. 그러다 생각을 바꾸었습니다. 물리와 관련된 생활 속의 사건이 초등학생과 중학생에게도 흥미로울 거라는 생각에서였지요.

초등학생과 중학생은 앞으로 우리나라가 21세기 선진국으로 발전하는 데 필요한 과학 꿈나무들입니다. 그리고 지금과 같은 과학의 시대에 가장 큰 기여를 하게 될 과목이 바로 물리입니다. 하지만 지금의 물리 교육은 직접적인 실험 없이 교과서의 내용을 외워 시험을 보는 형태로 이루어지고 있습니다. 과연 우리나라에서 노벨 물리학상 수상자가 나올 수 있을까 하는 의문이 들 정도로 심각한 상황입니다.

저는 부족하지만 생활 속의 물리를 학생 여러분의 눈높이에 맞

추고 싶었습니다. 물리는 먼 곳에 있는 것이 아니라 우리 주변에
있다는 것을 알리고 싶었습니다. 그래서 이 책을 쓰게 되었지요.